\ 育てて使う /

はじめてのローズマリー

おいしい・楽しい・
抗菌・抗ウイルス・抗酸化ハーブ

石川久美子（the Farm UNIVERSAL）著　　下司高明（日野春ハーブガーデン）著

講談社

Introduction はじめに

　古くから美容、料理、クラフト、薬用に使われてきたハーブたち。

　中でもローズマリーは「若返りのハーブ」と呼ばれ、中世の王妃がローズマリーを使って若さを取り戻したという逸話があります。

　ローズマリーは清涼感のある力強い香りをもち、気分をリフレッシュするとともに、さまざまな効能があるといわれ、特に抗菌、抗ウイルス、抗酸化作用が注目されています。

　また、だれでも簡単に育てられ、一年中美しい葉を保ち、毎年かわいい花を咲かせます。農薬を使わずに自分で育てて収穫すれば、育てる喜びとともに免疫力を高める安全安心なローズマリーがいつでも手に入ります。

　ドリンクや料理、クリーム、ルームスプレーといった手作りコスメなど、口にするものや肌に接するものも、安心して使えます。

　さらに、香りを生かしたポプリやスワッグ（花の壁飾り）などのクラフトは、頭をすっきりさせ、集中力を高めます。

　お気に入りのローズマリーを、豊かな暮らしに役立ててください。

濃いめのブルーの花が枝いっぱいに
咲く品種 'マリンブルー'。 ➡ P.27

列植して垣根にしても美しい、庭植え向きの品種 'レックス'。➡ P30

葉をアルコールに浸して有用成分を抽出したローズマリー チンキ。➡ P.46

魚介類の生臭さを消し、さわやかな風味をプラスしたマリネ➡ P.72

ローズマリーを育てる

＊だれにでも　育てやすいハーブ

ローズマリーは丈夫で病害虫の被害が少なく、だれにでも育てやすいハーブです。タネからでも育てられますが、苗から育てたほうが楽です。葉に濃厚な香りをもち、さまざまな用途に使えるとともに、かわいい花が咲きます。草花のように思われますが、半耐寒性の常緑性の低木です。常緑なので冬でも葉が茂りますが、半耐寒性なので寒さにはあまり強くありません。関東以北では、鉢植えで育て、冬は寒さをしのげる場所に移動するとよいでしょう。➡ P.14

＊鉢植えで
飾って収穫する

ローズマリーがベランダに一鉢あるだけで、一年中グリーンが目を和ませ、料理や手作りコスメなどに利用でき、秋から春にかけてかわいい花が楽しめます。また、鉢を集めて楽しむ「寄せ鉢」やハーブだけの寄せ植えにして無農薬で栽培すれば、安全安心な素材がいつでも収穫できます。 → P.14

→ローズマリーとワイルドストロベリーなどとの寄せ植え。

↓ローズマリーの大株をリフォームしたガーデン。 → P.88

＊庭植えには強健種を

ローズマリーは常緑性の低木で、関東の平野部以西なら一年を通して庭で緑の葉を楽しめます。庭植えには樹勢が強い強健種が適し、周囲とのバランスに応じて剪定やリフォームをして育てましょう。 → P.86

↓ローズマリーやタイムなどのハーブガーデン。
写真：Photoshot/アフロ

＊品種ごとに
樹形や特徴が異なる

ローズマリーには多くの品種があり、品種ごとに樹形や特徴が異なります。樹形には、縦に枝を伸ばす「木立性」、横に枝が広がる「ほふく性」、両者の中間の「半ほふく性」の3タイプがあります。木立性は庭植えすると樹高180㎝ほどまで大きく伸びるものもあります。品種により味や香り、耐寒性が異なります。 → P.18

ローズマリーを使いこなす

＊大きく育ててクラフトなどに

可憐な花が咲くローズマリー。庭や鉢で育てて花が
咲いたら、ブーケやスワッグ、リースなどを作ってみま
しょう。大きく伸びた株の剪定枝を利用して、クラフト
や手作りコスメの材料にするのもおすすめです。花が
咲く直前は、葉の香りが最も高くなるとき。輪切りに
したレモンと摘みたてのローズマリーを浸したローズマ
リーウォーターは、さわやかな風味です。➡ P.40

ローズマリー
チンキ
➡ P.46

ローズマリーの小さなブーケ
➡ P.40

ローズマリー ウォーター
➡ P.60

ローズマリーと草花のリース
➡ P.44

ローズマリー
クリーム
➡ P. 48

＊手作りコスメやソープにも

葉から成分を抽出したローズマリー チンキを使って、
ルームスプレーやローション、クリームなどの手作りコスメが作れます。美しい緑色のクリームやローションは、
清々しい香りも魅力。リラックスしながら癒しのケアタイムにおすすめです。葉を使ったローズマリー ソープは、
爽快な香りですっきりした洗い上がり。バスソルトを合わせて使えば、リッチなバスタイムに。➡ P. 46

＊風味を生かした料理を味わう

ローズマリーは、肉料理やじゃがいも料理、マリネなどでも大活躍。ローズマリーが加わるだけで、料理の仕上がりが大きく変わり、本格的な味わいになります。
作っておけばすぐに使えるオイル、ビネガーやはちみつ漬けなどもおすすめです。ローズマリーの葉を練り込んだ、トマト味のグリッシーニは、焼き上がるとローズマリーの香ばしい香りが広がります。➡ P. 60

ローズマリーとトマトの
グリッシーニ
➡ P. 73

7

Contents

[本書の使用上の注意]
●ローズマリーの低用量使用は通常安全ですが、
極端な高用量摂取は、副作用をもたらすことが
あるので、通常の範囲内でご使用ください。特に、
妊娠中や授乳中の方の摂取はお控えください。

●自分で作った石けん、クリームなどは個人用で
す。手や身体に使用する石けんやクリームなどは、
「医薬品、医療機器等法（旧薬事法）」に基
づく「化粧品」に該当します。許可を得ずに製
造したものを他人に販売・授与（対価を得ず
に譲渡）することは、禁止されています。フリーマー
ケットやインターネット上での売買もできません。

●挿し木などの増殖は、自家用のみです。種苗
法により、品種登録されたものの譲渡・販売目
的での無断増殖は禁じられています。また、品
種によっては自家用であっても増殖が禁止され、
著作権者の許可を得る必要があります。

●栽培は関東平野部以西を基準にしています。

Chapter 1
はじめてのローズマリー

古くから人々の暮らしに役立つ植物として親しまれ、
利用されてきたローズマリー。その魅力を紹介します。

木立性（きだち）
上に向かって
直線的に伸びる。
アングスティフォリア
（パインローズマリー）など
→ P.20

半ほふく性
木立性とほふく性の
中間的な樹形。
日野春ブルーなど
→ P.32

ほふく性
地表を這うように
低く広がる。
プロストラータスなど
→ P.38

ローズマリーとは

地中海沿岸地域原産で
シソ科の常緑低木

　ローズマリーは、シソ科ロスマリヌス属（マンネンロウ属）の、常緑性の低木です。

　原産地は地中海沿岸地域で、古代ギリシャ時代から有用植物として利用されてきました。日本には江戸時代後期に伝わったとされていますが、広く知られるようになったのは1970年代のハーブブーム以降からです。

　ローズマリーの名前の由来には諸説ありますが、花や葉が波しぶきのように見えることから学名 rosmarinus（海のしずく）がつけられ、その英語名が rosemary になったといわれます。

　樹形により、木立性、半ほふく性、ほふく性の3種類のグループに大別されます。

主な花色は青〜青紫色で
ピンクや淡い青、白花もある

　多くの品種は秋に開花が始まり、晩秋に最も多く花が咲きます。冬の間も開花が続き、春になるとまた花数が増えます。四季咲き性が強い品種を除いて、夏は開花を休みます。

　小さな花を枝の節々から咲かせ、花つきがよい品種は開花期に株が花で覆われるほど。青から青紫色の花を咲かせる品種が多く、ピンクや白、ごく淡い青の花もあります。

モーツアルトブルー

最も濃い青紫色で、大きめの花を咲かせる品種。花つきがよい。➡ P.35

サンタバーバラ

青い筋が入った淡いブルーの美しい花が、長期間、繰り返し咲く。➡ P.36

マジョルカピンク

淡いピンクに濃いピンクの筋が入る花が咲き、かわいらしい。➡ P.28

ゴールデンレイン

黄色の斑入り葉が覆輪状に入って美しい品種。➡ P.21

緑色や濃い緑色の細長い葉
斑入り葉が美しい品種も

　常緑性で細長く小さな硬い葉を密につけるのが特徴。品種により、やや葉の幅が広いものや、細く松葉のようなものがあります。葉の色は緑色や濃い緑色が中心ですが、斑入り葉の品種もあります。

ローズマリーの効能と利用

葉や枝が力強く香り立ち
強い抗酸化作用をもつ

古代ギリシャ時代から暮らしに役立つハーブとして利用されてきたローズマリー。芳香の漂う枝を飾ると記憶力や集中力を高めるといわれ、葬儀や祈禱などにも用いられてきました。

さわやかな香りにはリフレッシュ効果があり、アロマテラピーでも人気があります。民間医療では、葉の浸出液がリウマチなどの外用に使われてきました。

近年の研究では、強い抗酸化成分のロスマリン酸をはじめ、フェノール酸やフラボノイドなどを含有することがわかり、抗菌・抗ウイルス・抗酸化作用が期待できるハーブ、美容に役立つ「若返りのハーブ」として注目されています。

なお、ローズマリーには強い効用があるので、高濃度のものを多量に摂取・使用すると副作用を起こすことがあります。特に妊娠中や授乳中の方の使用は控えたほうがよいでしょう。また、アレルギー症状や異常を感じたらすぐに使用をやめ、病院で診てもらいましょう。

ローズマリーに期待されている効果

- 豊かな香りが頭をリフレッシュ
- 記憶力や集中力を高める
- 肌荒れを防ぎ、肌を引き締める
- 加齢黄斑変性から肌を守る
- 抗酸化物質と抗炎症物質が免疫機能をアップする
- 免疫力を高めて、抗菌、抗ウイルス
- 脳の老化の防止を助ける
- 虫よけの効果が期待できる
- 花粉症の症状を緩和する

＊
ビネガーや
はちみつに漬けて
→ P.61

＊
芳香を生かして
ルームスプレーに
→ P.52

＊
バスソルトにして
美容と健康に
→ P.57

＊
デトックス
ウォーターにも
→ P.60

↑大きくて濃い青紫色の花がたくさん咲く品種'日野春ブルー'。

←ローズマリーの中で最もコンパクトで、淡いブルーの花が咲く'ブルーボーイ'。

可憐な花と扱いやすい枝
常緑の葉を生かしたクラフト

　環境や品種により異なりますが、他の花が少なくなる秋から冬にかけて花をたくさん咲かせ、春に花の量を増やします。青い可憐な花を生かして、庭の草花と一緒に小さな花瓶に生けてもかわいいものです。

　大きな株なら長めに枝を切って、ブーケやリースなどのクラフトに使うのもおすすめ。飾っている間に、さわやかな香りが長く続くのもうれしいところ。そのまま乾燥させてドライフラワーにすることもできます。組み合わせる草花は、ローズマリーの花と調和しやすい、淡く優しい花色のものを選びましょう。

　なお、コスメ用でも食用でも、枯れたり傷んだりしていなければどこでも使えますが、新しい枝のやわらかい部分がおすすめです。

＊
ローズマリーの枝に草花や木の実を加えたリース
➡ P.44

＊
プレゼントにぴったりの小さなブーケ
➡ P.40

13

コンテナへの植えつけ

ポット苗から鉢で育てると楽
お気に入りの品種を探す

　ローズマリーはタネからも苗からも育てられ
ますが、ホームセンターや園芸店で多く流通し
ている3〜3.5号（1号＝直径約3cm）のポット
苗が価格も手ごろで育てやすいです。まずは
鉢植えで育ててみましょう。品種名が書かれ
ていなくても問題ありませんが、品種ごとの違
いがわかるようになると、さらにローズマリー
が面白くなります。なお、無農薬栽培の苗が
理想ですが、農薬を使用して育てた苗でも、
3ヵ月もすれば、農薬は抜けます。

　ポット苗の植えつけは真夏と真冬を除いて
一年中可能ですが、適期は、3〜5月か10
〜11月です。できるだけ根鉢を崩さず、一〜二
回り大きな鉢に植え替えるのがポイントです。

　植えつけ直後は水をたっぷり与えますが、そ
の後は鉢土が乾いてから水やりし、過湿に注
意して育てます。

常緑で豊かな葉をもつローズマリーは主役
にも脇役にもなる。

ハーブコーナーやナーセリーに並ぶローズマリーの苗。いろいろな品種がある。

同じ大きさの鉢に植えて樹形のタイプ
の違いを楽しむのも面白い。左から、
ほふく性、半ほふく性、木立性。

苗を購入したら、なるべく早く植えつけます。用土は市販の草花用培養土（元肥入り）にパーライトを1〜2割加えます。ローズマリーは乾燥気味を好むので、鉢底石は必ず入れます。通常の鉢でもかまいませんが、スリット鉢を使うとさらに過湿を防ぎやすくなります。

■ 用意するもの

ローズマリー 'マリンブルー'（木立性）の苗3号
●スリット鉢5号、土入れ、鉢底石、
　配合した培養土（緩効性肥料入り）➡ P.82

■ 作り方

1　スリット鉢の底に鉢底石を深さ3〜4cmくらいまで入れる。（スリット鉢には鉢底ネットは不要）

2　1の上から土入れで培養土を深さ¼くらいまで足し入れる。

根鉢

3　ポットの縁を軽くたたき、株元をつかんで苗をポットから抜き出す（①）。根鉢は軽く緩める程度で根は切らない（②）。

4　3の苗を2の鉢の中央に配置する。このとき、枝のバランスや正面からの見え方にも注意する。

5　土入れで苗と鉢の隙間に培養土を足し、鉢の縁から3cmほど下まで培養土をしっかり足し入れる。

6　鉢底から水が流れるまで数回に分けてたっぷりと水やりする。1〜2日間、半日陰に置いた後、日なたに移動する。

ローズマリーの鉢を他の草花と一緒にボックスに入れ、寄せ植え風に。管理が楽になる。

Column

茎の部分より出ている根っこのようなものは病気ですか？

　病気ではありません。ローズマリーを育てていると、茎の部分から根っこのようなものが出てきます。これは「気根」というよくある生理現象なので心配不用ですが、多くの場合、鉢植えだと根詰まりや肥料切れ、庭植えだと株の老化などが考えられます。

　このような症状が出たら、鉢植えの場合は植え替えをして根詰まりをほぐし、用土を新しくして追肥をする、庭植えの場合は追肥をし、スコップなどで根の先端部分を根切りし、堆肥や腐葉土を加えて土壌改良をするなど、株の更新や老化防止の作業をします。

　一度この症状が出ると、環境が改善されても気根がなくなるわけではありません。しかし、株の状態を判断する目安となります。

［ 管理のポイント ］

日当たりがよい場所と水はけのよい用土を好む

　ローズマリーは風通しよく日当たりのよい場所で水はけのよい用土を好み、やや乾燥気味に管理するのがコツです。半日陰でも育ちますが、環境によっては枯れてしまうことがあります。

　鉢植えでも庭植えでも育てられますが、コンパクトな品種やほふく性の品種は鉢植え向きです。庭植えには木立性の大型種が向き、あらかじめ植えつけ場所の土壌にパーライトや腐葉土をすき込んで、水はけをよくしておくとよいでしょう。

　ローズマリーは根をいじられるのを嫌うので、植えつけ時は根を切らないようにします。

　害虫はアブラムシ、カイガラムシ、カミキリムシなど、病気はうどんこ病などがありますが、健全に育っていればほぼ無農薬で栽培できます。

◆本書での日照の目安
日なた ‥‥1日に5時間以上、日が当たるところ
半日陰 ‥‥1日に3〜4時間、日が当たるところ
日陰 ‥‥‥1日に2〜3時間、日が当たるところ
※日陰は日が当たらないところではありません

移植する時は根切りが大切

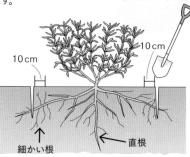

10cm

10cm

株張りの10cm程度外側を深さ30cm程度ショベルで差して根を切りながら一周する。

植えつけ後3年以上たつと太い根だけになっているので、細かい根を出させる必要がある。

細かい根 ↑　　← 直根

植えつけ後3年以上たった株を移植するときは、3月に株張りの10cm程度外側を、スコップを30cmほど刺しながら一周して根の先端を切っておきます。春から夏にかけて細かい根が出るので、秋に移植します。

Illustration：すどうまさゆき

剪定で樹形を整えて
健やかで美しい株に

　株が育つと、枝が伸びて樹形が乱れるため、剪定が必要です。勢いよく長く伸びた枝、枯れた枝、混み合った枝を切ります。

大きくしたくない場合も収穫を兼ねてこまめに剪定します。

　剪定の適期は春と秋で、必ず葉がついた部分が残るようにします。切りすぎて木質化した枝だけになると、そのまま株全体が弱って枯れることがあるので注意します。

Before
数本の長い枝や混み合った枝が目立つ

After
すっきりとまとまって、樹形が整った

●ローズマリーの剪定

1　強く伸びた枝を、枝のつけ根から½くらいの位置で切り戻す。他の伸びすぎた枝も同様に切る。

2　横張り気味に伸びた側枝は、バランスを見ながら先端から⅓くらいの位置で切り戻す。

3　株元で枯れ込んでいる細い枝をつけ根から切り落とす。間違って残したい枝を切ってしまわないように注意。

4　株の内側に伸びている混み合った枝を、間引きをする要領でつけ根からはさみで切り落とす。

Chapter 2
愛らしい！ローズマリー図鑑

細い葉が集まってつき、小さな花がかわいらしいローズマリー。
個性豊かで、似ているようでも違う21品種をご紹介します。

［図鑑の見方］

＊近年、RHS（英国王立園芸協会）によりローズマリーの学名が *Salvia rosmarinus* に変更されていますが、日本ではまだ一般的ではないので、本書では *Rosmarinus* を採用しています。
＊ローズマリーの和名は「マンネンロウ（中国名＝迷迭香）」です。

樹形によって、「木立性、半ほふく性、ほふく性」の3つのグループに分けて表示。

その品種の外観上の特徴をわかりやすく説明。

花の特徴や咲き方について説明。

〔木立性〕

淡いブルーの花が長期間、繰り返し咲く。

強健で育てやすく、切ってもすぐに伸びる。やや大きめで濃い緑色の葉。

どんな品種なのかが、ひとめでわかる。

料理向きで、香り高くスパイシーな風味

トスカーナブルー

Rosmarinus officinalis 'Tuscan Blue'

品種名や流通名をカタカナでわかりやすく表記。

その品種の学名を表記。

DATA
開花期 ● 9月〜翌年5月
樹高 ● 150cm
耐寒性 ● -5〜-7℃
用途 ● 観賞、香料、薬用、切花、ポプリ、サシェ、リース、防虫、生垣

栽培する上で欠かせないデータを簡潔に表記。特に耐寒性については、その地域に合った品種を選ぶ際に役立つ。

イタリア原産で香りのよい、特に料理に適した品種。強健種で、剪定後の回復が早い。

日当たり、水はけのよい場所で乾燥気味に育てる。若い株は夏場の高温多湿で弱りやすいので、涼しく管理するとよい。冬は北風に当たらないようにし、南側の暖かい陽だまりなどに置く。ほかの品種よりも風味がよい。

品種の特徴や栽培のヒントを詳しく説明。

〔木立性〕

耐寒性に優れた強健種
香り高く用途が広い

アープ

Rosmarinus officinalis 'Arp'

白に近いくらいの
ごく薄い青い花。

DATA

開花期●９月〜翌年４月

樹高●約100㎝

耐寒性●−13℃

用途●観賞、香料、薬用、
　　　切花、ポプリ、リース、
　　　防虫、ティー、料理

マットな印象で、
細くて小さめのや
やシルバーがかっ
た葉。
枝は広がりながら
直線的に伸びる。

最も耐寒性が強い品種。葉には光沢がなく、ややシルバーがかっている。樹形はやや乱れやすく、枝の伸び具合を見ながらこまめに剪定するとよい。耐寒性はあるが、寒冷地の北風には注意が必要。強健な品種で、列植して生垣にするとよい。香りは強く、葉が細く密になる。風味もよく、ティーから料理まで様々に適する。剪定枝をポプリやリースなどに使ってもよい。

香りが強く、風味もよい
料理に適した品種

アングスティフォリア
（パインローズマリー）

Rosmarinus angustifolia

DATA
開花期●9月〜翌年4月
樹高●約80㎝
耐寒性●ー5℃
用途●観賞、香料、薬用、
　　　切花、ポプリ、防虫、
　　　ティー、料理

「パイン」とは「松葉」の意味。極細で小さめの葉をもち、パインの名のように葉が松葉に似ている。香りがとても強い。樹形はコンパクトで、繊細な株立ちになる。花が濃いブルーで美しいので、観賞用としても魅力的。葉は香り高く風味がよいので、ティーから料理まで、おいしく使える。肉料理やじゃがいも料理によく合い、ティーはすっきりした風味になる。

繊細で分枝がよく、上に向かって整った株立ちになる。極細で小さく濃い緑色の葉。

濃いブルーで
大きめの花が美しい。

DATA

開花期● 12月〜翌年2月、
　　　　6〜7月
樹高● 約80㎝
耐寒性● −5℃まで
用途● 観賞、香料、薬用、
　　　切花、ポプリ、サシェ、
　　　リース、防虫、生垣

ローズマリーには珍しい
黄色の斑入り葉の品種

ゴールデンレイン

Rosmarinus officinalis 'Golden Rain'

濃いめのブルー。

葉に黄色の斑が入るローズマリーで、斑入りの葉のコントラストが美しい。水分、肥料、季節などの環境によって斑の入り方や濃淡が変わる。耐暑性がやや弱いため、夏の蒸れや長雨に注意。鉢植えのほうが管理しやすい。日当たりがよく、乾燥気味の用土を好む。他の品種にくらべて遅咲き。春から初夏に軽く剪定すると、樹形が整いやすい。

春の芽出しの頃
は葉が鮮やかな
黄緑色に。
斑の黄色は季節
や生育状態によっ
て変化する。

イギリス生まれの品種で
清涼感のある香り

シッシングハーストブルー

Rosmarinus officinalis 'Sissinghurst Blue'

淡いブルーの花
がたくさん咲く。

DATA

開花期●9月〜翌年5月
樹高●約150cm
耐寒性●−8℃
用途●観賞、香料、薬用、ティー、
　　　料理、切花、ポプリ、
　　　サシェ、リース、防虫

イギリスで選抜された、人気品種。細い葉で、樹形はほっそりとして、スマートにまとまる。マツのような、清涼感のある香り。

　枝は優美で、細かく分枝する。細葉のため、比較的耐寒性に優れる。成長のスピードは穏やかで、夏の高温多湿が苦手。花つきがよく、株が充実すると花時は株一面が花で覆われるほど。風味がよく、ティーや料理にも向く。

細い葉で、ほっそりとしたスマートな樹形。
耐寒性に優れ、成長は穏やか。

中間的なブルー。

枝は直線的に細く伸び、分枝は少ない。
幅が広めでしっかりした緑色の葉。

成長するスピードが速い
庭の垣根や料理に向く

セイレム

Rosmarinus officinalis 'Salem'

DATA
開花期● 12月〜翌年2月、
　　　　 6〜7月
樹高●約150㎝
耐寒性● −5〜−7℃
用途● 観賞、香料、薬用、料理、
　　　 切花、ポプリ、サシェ、
　　　 リース、防虫、生垣

樹形よく成長するスピードが速い。広めでしっかりした葉をもち、ガーデンの垣根やシンボルツリーなどに向く。分枝は比較的少なく、直立に仕立てやすい。寒さに当たると紅葉して、赤みを帯びる。耐寒性はやや強めで、日当たりがよく、水はけと風通しのよい場所を好む。鉢植えでは、夏場は蒸れを避け、風通しがよい場所で管理。香りがよく、料理にも向く。

23

淡いブルーの
花が長期間、
繰り返し咲く。

強健で育てやす
く、切ってもす
ぐに伸びる。
やや大きめで濃
い緑色の葉。

香り高く料理向き
スパイシーな風味

トスカーナブルー

Rosmarinus officinalis 'Tuscan Blue'

DATA

開花期●9月〜翌年5月

樹高●約150㎝

耐寒性●−5〜−7℃

用途●観賞、香料、薬用、料理、
切花、ポプリ、サシェ、
リース、防虫、生垣

イタリア原産で香り、風味が
よく、特に料理に適した品
種。強健種で、剪定後の回
復が早い。

　日当たり、水はけのよい
場所で乾燥気味に育てる。
特に若い株は夏場の高温多
湿で弱りやすいので、涼し
い場所で育てるとよい。冬
は北風に当たらないように
し、南側の暖かい日だまりな
どに置く。

香り高く、料理向きで
ガーデンにも適する

ファーンオークスハーディー

Rosmarinus officinalis 'Furneaux Hardy'

ローズマリーの
中でも濃い青
花を咲かせる。

自然に樹形が整
い、剪定の手間
がかからない。
葉が密について
花つきもよい。

DATA
開花期●9月〜翌年5月
樹高●約180cm
耐寒性●ー7℃
用途●観賞、香料、ティー、
　　　料理、切花、ポプリ、サシェ、
　　　リース、防虫、生垣

アメリカのテキサス州で選抜
された品種。分枝が多く、
葉も密について自然に美しく
樹形が整うため、あまり剪定
の手間がかからない。とても
花つきがよく、濃い青花が株
一面に咲くので、ガーデンの
ポイントや生垣などに幅広く
利用できる。

　葉の香りが高く、風味もよ
いので料理に向いている。ティーや肉料理、じゃがいも料
理、スープなど、何に使って
もおいしい。

25

〔木立性〕

耐寒性と耐暑性があり
木立性の中ではコンパクト
ベネンデンブルー

Rosmarinus officinalis 'Benenden Blue'

DATA
開花期●12月～翌年2月、
　　　　6～7月
樹高●約100㎝
耐寒性●－8℃
用途●観賞、薬用、ティー、切花、
　　　ポプリ、サシェ、リース、
　　　防虫、生垣

青～青紫色の花を
咲かせる。

細くて小さな葉で、木立性
の中では比較的コンパクトに
まとまる。耐寒性は強いほう
で、寒くなると赤く紅葉する。
耐暑性もあり、強健で育て
やすい。株が若い時は枝が
左右に暴れて広がりやすい
ので、こまめに剪定して整え
ると美しい樹形に仕立てられ
る。湿気を嫌い、ジメジメし
た場所では病気になりやす
い。日当たりと風通しのよい
場所で、乾燥気味
に育てる。

株が若い時は少
し枝が広がって
暴れやすい。
細くて小さな緑色
の葉。

26

直線的に伸びる枝に葉が密につき、自然に整う。大きめで濃い緑色の葉。

日本の気候によく合う
強健で育てやすい

マリンブルー

Rosmarinus officinalis 'Marine Blue'

濃いめのブルーの花が美しい。

DATA
開花期●9月〜翌年4月
樹高●約180cm
耐寒性●−5〜−7℃
用途●観賞、香料、薬用、
　　　切花、ポプリ、サシェ、
　　　リース、防虫、生垣

戦前より横浜に伝わる古くからの品種。日本の気候によく合い、樹形、株立ちともに自然に整う。側枝の伸びもよく、生育旺盛で生垣や鉢植えにも適する。強健で、比較的手間がかからず、一度根づけば長く育てられる。日当たりがよく、風通しがよい場所で、水はけがよい用土に植えれば2m弱まで伸びる。早めの剪定で整った生垣に仕立てられる。

分枝が少なく、上に向かってやや弓なりに伸びる。小さくて短い緑色の葉。

淡いピンクで細めの花を咲かせる。

ピンクでかわいらしい花
クラフトに向く

マジョルカピンク

Rosmarinus officinalis 'Majorca Pink'

DATA

開花期●9月～翌年4月
樹高●約100㎝
耐寒性●－7℃
用途●観賞、香料、薬用、
　　　切花、ポプリ、サシェ、
　　　リース、防虫、生垣

淡いピンクの花を咲かせる品種。葉は香りがよく、主にクラフトに適し、ポプリ、リースなどに向く。花はエディブルフラワーとして、サラダなどに利用できるが、葉の風味がよくないので、料理にはあまり適さない。枝は分枝が少なく、円柱形をなして弓なりに伸びる。葉は緑色で、小さくて短い。樹形をこまめに整えると、美しい株立ちの樹形に仕立てられる。

すっきりと細い枝が直線的に力強く伸びる。
細くて長い、明るい緑色の葉。

淡いスカイブルーに濃い青紫色の筋が入る。

風味抜群で料理にぴったり
生垣やトピアリー向き

ミスジェサップ

Rosmarinus officinalis 'Miss Jessopp's Upright'

DATA
開花期●9月〜翌年5月
樹高●約180㎝
耐寒性●−10℃まで
用途●観賞、香料、薬用、料理、
　　　ティー、バスソルト、切花、
　　　ポプリ、サシェ、リース、
　　　防虫、生垣、トピアリー

イギリスで昔から栽培されている品種。細くて長い葉をもち清楚な姿で、樹形はすっきり直立して力強く伸びる。他の品種に比べ、比較的耐寒性が強い。葉の風味がよく、特に料理におすすめ。ティーやクラフトにも向き、ポプリやバスソルトにすると香りが際立つ。花つきがよく、株が充実すると淡いスカイブルーの花がたくさん咲き、とても美しい。生垣やトピアリー仕立てにも向く。

29

強健でがっちりした太い枝がまとまって伸びる。
厚みがあり幅広で明るい緑色の葉。

ブルーのはっきりした花色で大きめの花弁。

生垣や庭植え向きの大型種
香りが強く用途が広い

レックス

Rosmarinus officinalis 'Rex'

DATA

開花期●9月～翌年5月
樹高●約180㎝
耐寒性●－6℃
用途●観賞、香料、薬用、料理、
　　　切花、ポプリ、サシェ、
　　　リース、防虫、生垣

木立性で葉が厚く、葉の幅が広めでしっかりしている。強健で成長が早く、キリッとしたまとまりのある樹形になるのが特徴。ガーデンのポイントにぴったりで、列植して生垣にも向く。大型種なので、整いやすい樹形を生かしたシンボルツリーにも適している。主に観賞用としておすすめしたい。香りが強く、料理やクラフトにも使える。剪定した枝を利用したリースやスワッグは、見栄えがする。

〔半ほふく性〕

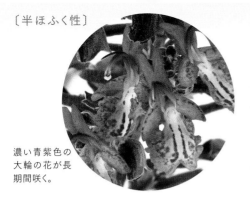

濃い青紫色の
大輪の花が長
期間咲く。

DATA

開花期●12月〜翌年2月、
　　　　6〜7月
樹高●約60cm
耐寒性●－5〜－7℃
用途●観賞、香料、薬用、
　　　切花、ポプリ、サシェ、
　　　リース、防虫、生垣

ガーデン向きの強健種
剪定で枝を更新して育てる
ウッドローズマリー

Rosmarinus officinalis 'Collingwood Ingram'

地中海沿岸地域が原産地。生育がよく、強健で観賞用に向く。深い緑色の葉で、葉のつやもよく、ガーデンのアクセントに適する他、寄せ植えにも向く。枝がよく伸びるので、古くなった枝を切り落として整理し、新しい枝を伸ばして株の更新に努める。半ほふく性の品種の中でも大きく伸びる。湿度の高い場所が苦手なので、水はけのよい用土に植える。

太い枝が広がり
ながらよく伸び、
生育旺盛。
つややかで短め
な深い緑色の葉。

〔半ほふく性〕

広がりながら伸びる、木立性に近い樹形。
細長く、大きめで緑色の葉。

大輪で澄んだブルーの花が枝一面に咲く。

ブルーの大輪花が
一面に咲く早咲き種
日野春ブルー

Rosmarinus officinalis 'Hinoharu Blue'

DATA
開花期●9月〜翌年4月
樹高●約60㎝
耐寒性●−5℃
用途●観賞、香料、薬用、切花、
　　　ポプリ、サシェ、リース

日野春ハーブガーデン育成の大輪多花性品種。生育初期から花がよく咲く。早咲きでとても花つきがよく、枝一面に花を咲かせる。庭植えにも鉢植えにも適する。広がりながら伸びるので、つり鉢や斜面の上に植え、花がこぼれるように咲く姿を楽しむのも見応えがある。耐寒性はそれほど強くないが、関東の平野部以西なら庭植えで育つ。冬に凍結する地域は鉢植えにして防寒する。

DATA

開花期●12月〜翌年2月、
　　　　6〜7月
樹高●約40cm
耐寒性●−5℃
用途●観賞、香料、薬用、
　　　切花、ポプリ、サシェ、
　　　リース、防虫

コンパクトな草姿で、葉もコンパクト。側枝がうねりながら伸び、いろいろな方向に広がりながら成長する。開花期が長く、多花性で、淡いブルーの花が株一面に咲き、楽しませる。日当たりと風通しのよい場所で育てる。鉢植えにも庭植えにも向き、左右への枝の広がりが多いため、つり鉢などにも向く。梅雨前に、混み合った下側の枝を間引いておくと病気になりにくい。

淡いブルーの花をたくさん咲かせる。

コンパクトな動きのある樹形
鉢にも庭にも似合う
フォータブルー

Rosmarinus officinalis 'Fota Blue'

枝がうねりながら四方へ広がって伸びる。
細くて小さく、透明感のある緑色の葉。

〔半ほふく性〕

DATA
開花期●9月〜翌年5月
樹高●約50cm
耐寒性●−5℃
用途●観賞、香料、ティー、
　　　料理、ポプリ、サシェ、
　　　リース、防虫

小さめで淡い
ブルーの花が
たくさん咲く。

流通するローズマリーの品種
の中で、最もコンパクト。葉
が小さく、草丈もコンパクトに
まとまるため、鉢植えでの栽
培や寄せ植え、花壇の前面
などの利用に向いている。生
育も比較的ゆっくりで、あまり
手間がかからない。

　白に近い淡いブルーで小さ
めの花がたくさん咲き、かわ
いらしい印象にな
る。比較的耐暑性
が強く、暖地向き。

　葉の風味がよく、
料理にも向く。

コンパクトな樹形
鉢植えで楽しみたい
ブルーボーイ

Rosmarinus officinalis 'Blue Boy'

ゆっくり成長す
るので、手間が
かからない。
多花性で比較的
暑さに強い。

濃い青紫色の大きな花がみごと。

上に向かってやや広がりながら伸び、木立性に近い。濃い緑色でつやがある葉。

濃い青紫色で大輪の美花
料理からクラフトまで使える

モーツアルトブルー

Rosmarinus officinalis 'Mozart Blue'

DATA
開花期●9月〜翌年4月
樹高●約60㎝
耐寒性●−8℃
用途●観賞、香料、薬用、
　　　切花、ポプリ、リース、
　　　防虫、料理、ティー

半ほふく性の代表的な品種。葉は濃い緑色で光沢がある。花色が素晴らしく、ローズマリーの中で最も濃いと思われる。大きな鉢やつり鉢などに仕立て、花をあふれるように咲かせると見応えがある。香りが強く、ティーからクラフトまで、様々な用途に使える。料理にも適し、肉料理やじゃがいもとの相性が抜群によい。バスソルトにも向く。

淡いブルーの花が、
長期間繰り返し咲く。

DATA

開花期●9月〜翌年7月
樹高●約60㎝
耐寒性●−5℃
用途●観賞、香料、料理、切花、
　　　ポプリ、サシェ、リース、
　　　防虫、グラウンドカバー、
　　　ハンギングバスケット、
　　　寄せ植え

地面を這うように伸びるタイプ。開花期間がとても長く、四季咲き性が強いため、真夏を除けばいつでも花を楽しめる。強健で側枝の伸びがよいため、グラウンドカバーなど、広い面積を覆う時にも向く。ハンギングバスケットや寄せ植えに使っても楽しめる。比較的耐寒性に優れるが、夏の高温多湿が苦手。

　香りが強く、剪定枝はクラフトに利用できる。葉の風味がよく、肉料理の臭い消しに向く。

グラウンドカバー向きで開花期間がとても長い

サンタバーバラ

Rosmarinus officinalis 'Santa Barbara'

地を這うように
伸びて広い面積
を覆う強健種。
やや幅広で短い
緑色の葉。

淡いブルーの花が
株を覆うほど咲く。

DATA

開花期●9月〜翌年5月

樹高●約40cm

耐寒性●−5℃

用途●観賞、香料、料理、切花、
ポプリ、サシェ、リース、
防虫、生垣

ほふく性の品種の中でも、側枝が下へ下へと伸びる品種。葉は小さめで光沢があり、生垣の縁や斜面、花壇などに植えるとローズマリーの緑に覆われ、美しい緑のグラウンドカバーになる。花つきがよく、大株になると淡いブルーの花が枝いっぱいに咲く。苗が小さい時は高温多湿に弱いが、大株になれば枯れることはあまりない。

料理やクラフトにも向く。

壁面を覆って下へ伸びる
斜面の緑化にぴったり

ハンティントン
カーペット

Rosmarinus officinalis 'Huntington Carpet'

高い位置に植えて、滝のように垂らすと見事。緑色で細めの葉が密につく。

37

ほふく性の代表的なローズマリー
つり鉢で花を楽しみたい
プロストラータス

Rosmarinus officinalis 'Prostratus'

淡いブルーの花を
たくさん咲かせる。

少し立ち上がって
から広がる、動き
がある枝。
小さな濃い緑の
葉が密につく。

DATA

開花期●9月〜翌年7月
樹高●約30cm
耐寒性●−5℃
用途●観賞、香料、薬用、
　　　切花、ポプリ、サシェ、
　　　リース、防虫

つり鉢や斜面、高さのある石垣の間、花壇の縁取り、ハンギングバスケットの寄せ植えなどに使うとよい。長期間整枝しないで育てると密になりやすく、低いところに枝や葉が混み合う。年に1回は剪定し、下枝の整理をするとよい。若い株は夏場の高温多湿で弱って枯れることがあるので、乾燥気味に管理するとよい。冬に凍らない場所で育てる。

DATA
開花期●12月〜翌年2月、
　　　　6〜7月
樹高●約30㎝
耐寒性●−5℃
用途●観賞、香料、薬用、
　　　切花、ポプリ、サシェ、
　　　リース、防虫、生垣

淡いブルーの
花を咲かせる。

ほふく性の中ではやや大きめの葉をもち、旺盛に広がって伸びる。株が充実すると淡いブルーの花が株を覆うほどたくさん咲いて美しい。開花期間が長く、特に初冬と初夏に花が多く咲く。日当たりと風通しのよい場所なら、肥料を与えなくてもよく育つ。株が若いと、梅雨と秋口は蒸れで弱ることがある。地際の枯れ枝や混み合った葉を取り除いて蒸れを防ぐ。

生育旺盛なほふく性の品種 とても花つきがよい

マコーネルズブルー

Rosmarinus officinalis 'McConnell's Blue'

ほふく性の中では強健な品種。大きめで濃い緑色の葉で、枝も太く伸びる。

Chapter 3
ローズマリーで癒される

さわやかな香りで気分をリフレッシュしてくれるローズマリー。
有効成分の効果が期待できるクラフトや手作りコスメをご紹介します。

※使用中に異常があった場合は、すぐに使用を中止し、医療機関を受診してください。

ブルーやピンクの花が咲く
ローズマリーには、同系色
でパステルカラーの草花が
よく似合います。

Small Bouquet
ローズマリーの小さなブーケ

ローズマリーの小さなブーケ

ローズマリーの可憐な花を主役にした、かわいいブーケを作ってみましょう。
育てているからこそ作れる、特別なブーケ。葉から広がるさわやかな香りも魅力です。

主に春と秋に開花するローズマリーの花。花自体にはほとんど香りはありませんが、開花時期には葉の香りが高まるので、枝ごと飾るとさわやかな香りが広がります。草花は同系色のパステルカラーを、葉ものはシルバーリーフがきれいなユーカリ・グニーでまとめます。

■ 用意するもの

切り分けて水あげしたローズマリー（花つき）、ユーカリ・グニー、ウエストリンギア（花つき）、センニチコウ（薄いピンク）

●ラッピングペーパー、フラワーネット、麻ひも、フローラルワイヤ

●はさみ

■ 作り方

1 花材は12〜15cmに切り分けて水あげしておく。ユーカリ・グニーの枝を芯にして4種類の花材を交互に束ねる。

2 手前にローズマリーの花が来るように束ねたら、フローラルワイヤでしっかり巻いて固定する。

3 はさみで飛び出した枝を切りそろえる。この時、あまり短く切り詰めすぎないように注意する。

ラッピングペーパー

フラワーネット

4 ラッピングペーパー、フラワーネットの順に重ね、先にラッピングペーパー、次にフラワーネットを寄せて包む。

5 フラワーネットの外側からフローラルワイヤを巻きつけ、裏側でワイヤをひねって固定する。

6 ワイヤが隠れるように、二重にした麻ひもを、手元でリボン結びか蝶結びにしたら完成。

Rosemary Swag

ローズマリーのスワッグ

飾りながら、ゆっくりドライフラワーになっていく過程も楽しめる。リボンやラッピングペーパーは、花材と同系色のものを選んで。

ローズマリーのスワッグ

スワッグとは「花の壁飾り」という意味。逆さまにつるして飾るタイプがポピュラーで、
飾りながら乾燥していく間も、ドライフラワーになってからも楽しめます。

花束をつるして壁に飾り、そのまま
ドライフラワーになる様子も楽しめ
るスワッグ。ローズマリーのスワッグ
は、葉からさわやかな香りが広が
り、ドライになっても香りが長持ち
します。合わせる花材はコットンフ
ラワーのような、そのままドライフラ
ワーになるものを選びましょう。

■ 用意するもの

長めのローズマリーの枝（花つき）、長めのユーカリ・グニー、
コットンフラワー（花つき）、ローゼル（実つき）
●ラッピングペーパー、フラワーネット、
　麻ひも2種類、フローラルワイヤ
●はさみ

■ 作り方

1 花材は切りそろえて水あ
げしておく。ユーカリ・グ
ニーの枝を芯にしてロー
ズマリーの枝を重ねる。

2 1の花材を交互に重ね、
ローズマリーの花がつ
いた短い枝が手前に来
るように束ねる。

3 飛び出した枝をはさみ
で切りそろえる。このとき、
あまり短く切り詰めすぎ
ないように注意する。

4 手で握れるくらいの長さ
を残し、フローラルワイ
ヤでしっかり巻いて固
定する。

5 フローラルワイヤで束ね
た位置より下の葉を取
り除く。

6 フラワーネットを外側に、
ラッピングペーパーを内
側に重ねる。

7 ラッピングペーパー、フラ
ワーネットの順に寄せて
包み、下側のフラワーネッ
トを手前に伸ばして枝の
部分にかぶせる。

8 フラワーネットの外側か
らフローラルワイヤを巻
きつけ、裏側でワイヤを
ひねって固定する。

9 ワイヤが隠れるように、
2種類の麻ひもを二重
にしてリボン結びか蝶
結びにして完成。

43

Rosemary and Flower Wreath

ローズマリーと草花のリース

ローズマリーの枝をまるめて
リース台に。白いセンニチコ
ウの花をアクセントに、ユー
カリの実などでナチュラルに。

ローズマリーと草花のリース

ローズマリーの長い枝を丸めてワイヤで留めたリース台に、草花や木の実を
留めつけた、手軽に作れるリースです。ナチュラルな印象なので、一年中飾れます。

ローズマリーの葉からさわやかな香
りが広がり、部屋に飾るだけで癒
されるリースです。開花期に葉の
香りが高まるので、春と秋に作る
のがおすすめです。ローズマリー
の花がアクセントになるように、他
の花材は、色を抑え、ナチュラル
な色調にするとよいでしょう。

■ 用意するもの

長い枝ごと水あげしたローズマリー（花つき）、
ユーカリ・グニー、ユーカリ・ポポラス（実つき）、
センニチコウ（白）
● フローラルワイヤ
● はさみ

■ 作り方

1 ローズマリー以外の花
材を5〜10cmに切り分
けて水あげしておく。

2 ユーカリ・グニーの枝を
芯にして2種類の花材を
束ねて小さな花束を作
り、フローラルワイヤでしっ
かり巻いて固定する。

3 フローラルワイヤを数回
ねじってしっかり留め、
写真のような小さな花
束を7〜9個作る。

4 ローズマリーの枝を5〜
10cmずつずらして束ね、
輪にする。数ヵ所をフロー
ラルワイヤで巻いて固
定し、リース台を作る。

5 3で作った花束をロー
ズマリーの葉の向きにそ
ろえ、4のリース台にワ
イヤを巻きつけながら、
留める。

6 花束をリース台に留めつ
けたら、全体のバランス
を見て、裏側の中央に
ワイヤをかけてリースを
かけるフックを作り完成。

Rosemary Tincture

ローズマリー チンキ

小さなびんでこまめにチンキを作るのがおすすめ。ローズマリーの葉を摘み取ってアルコールに浸す。

葉を取り除いたローズマリー チンキは、美しい緑色。古くなると濃いモスグリーンになる。

ローズマリー チンキ

摘み取った葉をアルコールに漬けて成分を抽出するとチンキになります。
手作りコスメなど様々な用途に使え、作っておくと便利です。

ハーブをエタノールなどのアルコールに漬けて、有効成分を抽出した液剤をチンキと呼びます。ローズマリーの葉から作られたチンキは美しい緑色で、アルコールに漬けておくだけで手軽にできます。クリームやローション、ルームスプレーなどが作れます。

■ 用意するもの

ローズマリーの葉
　（洗って乾かしたもの）…40g
無水エタノール…100㎖

●消毒したびん、ざる、
　はさみ、計量カップ

■ 作り方

1 洗って乾かし、水けを飛ばしたローズマリーの枝から葉を摘み取る。

2 1を煮沸するなどして消毒したびんの中に入れる。

3 軽量カップで無水エタノールを100㎖量り、2の中に注ぐ。

4 びんのふたをしっかり締めて軽く振り、葉の全体に無水エタノールが行き渡るようにする。

5 ときどきびんを軽く振って成分を抽出し、2〜3週間たったらざるでこして葉を取り出す。

Memo

できたチンキは冷暗所で保存すれば1〜2ヵ月は使えます。時間がたつと緑色がくすんでくるので、こまめに作って美しい緑色のチンキを使うのがおすすめです。できるだけ退色を防ぐには、遮光びんを使って冷暗所に保存するとよいでしょう。

ローズマリー チンキ
を使って作るクリー
ムは、きれいなモス
グリーン。こまめに
作ってフレッシュな
ものを使いたい。

Rosemary Cream

ローズマリー クリーム

Rosemary
ローズマリー ローション
Skin Lotion

ローズマリーの香りと淡い黄緑色が魅力のスキンローション。少量ずつ作っていつもフレッシュな香りを楽しみたい。

ローズマリー クリーム

抗酸化作用があるロスマリン酸を含む有効成分を生かした手作りの保湿クリーム。
防腐剤は入れないので、少量ずつこまめに作りましょう。保存は冷暗所で。

ローズマリー チンキを保湿剤のワ
セリンと混ぜ合わせ、湯煎にかけ
てアルコール分を飛ばします。ロ
ーズマリーのさわやかな香りと有
効成分を含んだクリームは、しっ
とりとした使い心地。使用すると
肌に潤いと張りが出て、シミやシ
ワが軽減するといわれます。

■ 用意するもの

ローズマリー チンキ… 10㎖
白色ワセリン… 10g

●消毒した容器、
　湯煎用の鍋、片手鍋、
　攪拌棒、ヘラ、計量カップ、コンロまたは IH 調理器

■ 作り方

1　片手鍋に白色ワセリン
　10gを量って入れる。

2　1にローズマリー チンキ
　10㎖を加える。チンキ
　と白色ワセリンの適切
　な配合は1:1。必要
　量に応じて作る。

3　2を湯煎にかけ、攪拌
　棒でよく混ぜてアルコー
　ル分を飛ばす。7〜10
　分混ぜると白色ワセリン
　とチンキがなじむ。

4　白色ワセリンとチンキが
　溶け合い、とろっとした
　クリーム状になったら湯
　煎用の鍋から外す。

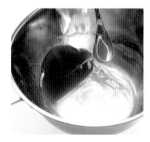

5　少し時間をおいて粗熱
　をとり、柔らかいうちに
　片手鍋の端にクリーム
　を集める。

6　柔らかいうちにヘラで
　片手鍋から容器に移す。
　冷めるとクリームが固ま
　るので手早く詰め替える。

ローズマリー ローション

ローズマリーの有効成分を生かした、さわやかな香りと潤いを補う手作りのローション。
ローズマリー クリームと合わせて使うと、しっとりツルツルの肌に。

ローズマリー チンキを保湿剤のグリセリンと精製水と混ぜ合わせて作ります。淡い黄緑色で、ローズマリーのさわやかな香りと有効成分がたっぷり。遮光びんに入れ冷暗所で2週間くらい保存できます。少量ずつ作って使い切りましょう。

■ 用意するもの

ローズマリー チンキ…5㎖
精製水…90㎖
グリセリン…5㎖

● 消毒した容器、へら、
　計量カップ（100㎖以上入るものと小さいもの）

■ 作り方

1　100㎖以上入る計量カップに、ローズマリー チンキを5㎖量って入れる。

2　1にグリセリン5㎖を量って加える。

3　2の中に精製水90㎖を量って加え、合計で100㎖になるようにする。

4　3を清潔なへらで静かに混ぜ合わせ、均一な質感にする。

5　消毒した容器に4を注いで詰める。

6　容器のふたをしっかりと締めて完成。冷暗所で保存し、2週間ほどで使い切る。

Rosemary Room Spray

ローズマリーのルームスプレー

遮光びんを使うと
劣化しにくいので、
容器におすすめ。

スモーキーな黄
緑色で清涼感
がある香り。リ
ラックスタイムや気
分を変えたい時
にぴったり。

Rosemary Soap
ローズマリー ソープ

> ローズマリーを葉ごと使
> い、石けん素地を温めて
> 混ぜ込んだ、手軽に作れ
> るハーブ入り石けん。ころ
> っとした形もかわいい。

ローズマリーのルームスプレー

ローズマリーの消臭効果と柑橘系の香りを生かした、ルームスプレーを作ってみましょう。
ローズマリー チンキとお好みの精油で、手軽に作れます。

ローズマリー チンキとレモングラスの精油を精製水で希釈してよく混ぜるだけ。簡単なので、手作りコスメ初心者にも安心して作れます。遮光びんに入れて冷暗所で保存し、1ヵ月くらいで使い切りましょう。

■ 用意するもの

ローズマリー チンキ…10㎖
精製水…90㎖
レモングラスの精油…10滴
● 消毒したスプレー容器、
計量カップ（100㎖以上入るものと小さいもの）

■ 作り方

1 100㎖以上入る計量カップに精製水90㎖を量って注ぐ。小さな計量カップにローズマリー チンキを10㎖量って入れる。

2 精製水の中にローズマリー チンキ10㎖を加える。

3 2の中にレモングラス精油10滴を加える。

4 3を消毒したスプレー容器に注いで詰める。

5 容器のふたをしっかりと締めて、よく振って混ぜる。冷暗所で保存し、1ヵ月くらいで使い切る。

Memo

ここではレモングラスの精油を使いましたが、ローズマリーのさわやかな香りは、レモンやグレープフルーツ、オレンジなどの柑橘系の精油と相性。好みに合わせて等量の精油を加えれば、お気に入りの香りのルームスプレーが作れます。

ローズマリー ソープ

抗酸化作用や抗炎症作用があるローズマリーの有効成分を生かした手作りソープ。
しっとりして洗い心地がよく、爽快な香りも魅力です。一度使うと手放せなくなりそう。

ローズマリーの葉を細かく砕いて
熱湯を注ぎ、有効成分の抽出液
を作ります。これにはちみつと精
油を加え、葉ごと石けん素地に混
ぜ込んだものを手早く整形。はち
みつを加えることで、保湿力がア
ップしています。リラックスする香り
で、癒しのバスタイムを。

■ 用意するもの

ローズマリーの葉（洗って乾かしたもの）…5g
手作り用の石けん素地（白色）…150g
レモングラスの精油…5滴
はちみつ…小さじ2
熱湯…30㎖
●計量カップ、クッキングシート、
　耐熱保存用袋（2枚重ねる）、
　攪拌棒、バット、ボウル

■ 作り方

1 ローズマリーの葉を細かく砕いてボウルに入れ、熱湯30㎖を注ぐ。

2 1を攪拌棒で潰すように混ぜ、ハーブの抽出液を作る。

3 耐熱保存用袋を2枚重ねる。その中に石けん素地（白色）150gを入れる。

4 3の中に2のハーブ抽出液を冷めないうちに流し入れる。葉もすべて入れる。

5 4にはちみつ小さじ2を加える。

6 5にレモングラスの精油を5滴垂らす。

7 耐熱保存用袋のチャックを閉め、中身が冷めないうちに袋の上からよくもみ込んで混ぜる。

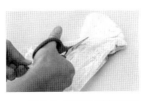

8 はさみで耐熱保存用袋の隅を切り開き、耳たぶくらいの硬さになったら石けん素地を出してまとめる。

9 8を5等分にして丸め、平たく整形。クッキングシートを敷いたバットの上で4〜5日乾燥させて完成。

Rosemary Deodorant

ローズマリーの靴の消臭剤

剪定枝が出た時など、葉がたくさんある時に作りたい、ポプリのような消臭剤。

Moist Potpourri &
Bath Salt モイストポプリとバスソルト

たっぷりの粗塩にローズマリーの香りの成分を閉じ込めて。

モイストポプリをガーゼの袋に入れ、バスソルトとして使う。

ローズマリーの靴の消臭剤

ローズマリーの葉を摘み取って乾かしたものを好みの布で包んだ、
簡単で香りのよい靴用の消臭剤。ローズマリーの香りで、お出かけが楽しくなります。

乾燥させたローズマリーの葉を茶こし袋に詰め、好みの布で包んでから、ひもやリボンで結びます。1日履いた靴は、蒸れと臭いがこもりますが、靴を脱いですぐにこの消臭剤を入れておけば、翌日にはすっきりさわやかな香りの靴が履けます。

■ 用意するもの

ローズマリーの葉
（洗って乾燥させたもの）
　　… 20g（1足分10g）
●茶こし袋…2枚
　好みの布（20×20cm×）…2枚
　ひもやリボン（30cm）…2本

■ 作り方

1 洗って乾燥させたローズマリーの葉を茶こし袋に10gくらい入れる。

2 茶こし袋の折り返し部分をひっくり返し、中からローズマリーの葉が出ないようにする。

3 用意した布の中央に2を置き、下側の布を手前に折り返す。

4 布の左右を茶こし袋の大きさに沿って内側に折りたたむ。

5 布の上側を用意したひもでしっかり結んで完成。

Memo

靴の中は、想像以上に汗をかくので、湿気がたまりやすくなっています。湿気を吸い込むと消臭効果が減退するので、使用後は茶こし袋ごと日当たりと風通しのよい場所で干すか、ローズマリーの葉を取り替えるとよいでしょう。

モイストポプリとバスソルト

塩の力でより香りを高め、香りを長持ちさせてくれるのがモイストポプリ。
特にローズマリーは、ドライポプリよりも強く香りが立つのでおすすめです。

洗って表面の水分を飛ばしたローズマリーの葉を、粗塩の中に埋めて保存します。塩がローズマリーの水分を吸収する際に芳香成分も引き出され、粗塩全体にローズマリーの香りが移ります。熟成したものをガーゼの袋に入れると、バスソルトとして使えます。

■ 用意するもの

ローズマリーの葉
　（洗って乾かしたもの）…適量
粗塩…適量
●消毒したびん

■ 作り方

●モイストポプリ

1　洗って1〜2時間乾燥させて水けを飛ばしたローズマリーの枝から、葉を摘み取る。

2　煮沸するなどして消毒したびんに粗塩と1の葉を交互に入れる。

3　隙間なくびんに葉と粗塩を詰めたらふたを締め、1〜2週間冷暗所で熟成させるとモイストポプリになる。

●バスソルト

4　3のモイストポプリ、茶こし袋とひも、ガーゼの袋を用意する。

5　茶こし袋の中にモイストポプリを入れ、折り返し部分をひっくり返したものをガーゼの袋の中に入れる。

6　ひもでガーゼの袋の口を結べば、バスソルトの完成。バスタブのお湯に入れて使う。

※バスソルトの使用中は追い焚き、循環機能などは使用せず、使用後は浴槽をよく洗ってください。　59

Chapter 4
ローズマリーを味わう

すっきりとした独特な香りをもつローズマリーは、
ティーや料理でも人気のハーブ。風味を生かしたレシピをご紹介します。

※高用量摂取、妊娠中や授乳中の方、アレルギーなどのある方の摂取はお控えください。

> ボトルやウォーターサーバーに入れて冷やしておくと、おいしい。すっきりした風味で、気分もリフレッシュ。

Rosemary Water
ローズマリー ウォーター

Rosemary Vinegar & Infused Honey

ローズマリーのビネガーとはちみつ漬け

[ビネガー]
冷たい炭酸水で割って飲んだり、オリーブオイルを混ぜてドレッシングにしてもおいしい。

[はちみつ漬け]
そのままパンにつけて食べても、紅茶に入れても。驚くほどローズマリーの風味が引き立つ。

ローズマリー ウォーター

ローズマリーとレモンを使ったデトックスウォーター。レモンの輪切りと
洗ったローズマリーの枝を入れて、冷蔵庫で冷やすだけ。簡単にできておすすめです。

デトックスウォーターとは、水に果
物やハーブを漬けて香りやエキス
を移したドリンク。水溶性の成分
や栄養素が水に溶け出し、美容
によく、リフレッシュ効果も。ビタ
ミンCがたっぷりのレモンに、抗
菌・抗酸化作用が期待できるロー
ズマリーが加わり、さっぱりしてい
くらでも飲めるウォーターに。

■ 材料

ローズマリーの枝（10㎝くらいに
　切って洗ったもの）…3～4本
スライスしたレモン…¼個
水…2000㎖
氷…適量
●ウォーターサーバーや清潔なびんなど

■ 作り方

1 ウォーターサーバーや
清潔なびんなどに氷を
先に入れ、スライスした
レモンを入れる。

2 1に洗ったローズマリー
の枝を入れる。

3 水を2の中に注ぐ。

4 マドラーなどで全体を
混ぜてからびんのふた
を締め、レモンとローズ
マリーの風味が行き渡
るようにする。冷蔵庫
で1～2時間冷やした
らできあがり。

Memo

ローズマリーとレモンの風味
が混ざり合い、さっぱりとし
て絶妙のおいしさ。特に夏
場の汗をかいた時、運動後
や、疲れた時におすすめ。
ビタミンCと抗酸化作用で疲
労回復にもぴったり。

ローズマリーのビネガーとはちみつ漬け

漬け込むだけで、簡単に作れる、ローズマリービネガーとはちみつ漬け。
ローズマリーの風味が溶け出して、芳醇な味わいになります。

ビネガー

リンゴ酢やワインビネガーを使うのがおすすめです。ローズマリーともよく合い、熟成すると果実酒のような甘い香りに。

■材料
ローズマリーの枝…2〜3本
リンゴ酢またはワインビネガー…300㎖
●消毒したびんなどの保存容器

下ごしらえ
○ローズマリーは枝ごと切って、枯れ葉や傷んだところは取り除く。洗って汚れやほこりを落とし、1〜2時間乾かして水けをきっておく。
○使用する保存容器は、煮沸するなど、滅菌消毒してから乾かしておく。

■作り方

1　洗って、水けを飛ばしたローズマリーの枝を保存用の容器に入れる。

2　1の中にリンゴ酢またはワインビネガーを静かに注ぎ、葉がすべて漬かっているようにする。

3　保存容器のふたをしっかり締め、軽く振ってローズマリーと酢をなじませる。

4　冷暗所に1〜3週間置き、ときどき軽く振って全体をなじませる。やや色が濃くなり、芳醇な香りになってきたらできあがり。

はちみつ漬け

ローズマリーをはちみつに漬けると、ローズマリーの香りが強くスパイシーに際立って、ヨーグルトにかけるだけでも立派なデザートになります。

■材料
ローズマリーの枝…4〜5本
はちみつ…300㎖
●消毒したびんなどの保存容器

下ごしらえ
○ローズマリーは枝ごと切って、枯れ葉や傷んだところは取り除く。洗って汚れやほこりを落とし、1〜2時間乾かして水けをきっておく。
○使用する保存容器は、煮沸するなど、滅菌消毒してから乾かしておく。

■作り方

1　洗って、水けを飛ばしたローズマリーの枝から、葉だけを取って集める。

2　1を消毒した保存容器に入れ、はちみつを加える。

3　びんのふたをしっかり締めて冷暗所に置き、時々軽く振って全体をなじませる。1〜3週間経って香りが強くなってきたらできあがり。

Memo
ローズマリーは、葉が強くてしっかりした部分を使うと、よりおいしく作れます。
漬けておく間に、葉が酢やはちみつから出てしまうと、傷んだりかびがはえることがあります。葉をしっかりと浸けるように気をつけます。
風味が出るまでの期間は、暖かい時期なら1〜2週間くらい、寒い時期だと3週間くらいです。
あまり古くなると、漬けたローズマリーが傷むので、1ヵ月くらいで使い切りましょう。.

オリーブオイルとの組み合わせや加える材料の量を変えると、異なる風味がいろいろ楽しめる。

食べる前にかけると、パスタやラザニア、リゾットなどの風味をぐんとアップする、便利なオイル。

Rosemary Oil

ローズマリー オイル

そのままバゲットにぬって
前菜に。肉料理や炒め物
にも好相性。作っておくと
便利なおすすめバター。

Rosemary Butter
ローズマリー バター

ローズマリー オイル

オリーブオイルとローズマリーは、イタリアンには欠かせない抜群の相性。
唐辛子やにんにくと一緒に漬けておくと、絶品の仕上げオイルになります。

高級イタリアンなどでは、テーブルごとに
自家製オイルが置いてあることも。仕上げ
にちょっと回しかけるだけで、風味がぐっ
と上がるオイルです。オリーブオイルにも
様々な風味のものがあるので、お気に入
りの組み合わせを見つけて「わが家のオイ
ル」を作ってみては。

Memo

ローズマリーは、枝先の香りが強い部分を
使うと、早くおいしく作れます。

オリーブオイルは、エキストラバージンオイ
ルがおすすめです。保存には遮光びんを
使うと風味が長持ちします。

漬けておく間に、葉がオイルから出てしまう
と、傷んだりかびがはえることがあります。
葉をしっかりとオイルに漬けるようにします。

風味が出るまでの期間は、暖かい時期な
ら1～2週間くらい、寒い時期だと3週間
くらいです。

夏場は傷みやすいので、1～2ヵ月くらい
で使い切りましょう。涼しい時期なら3ヵ月
くらいは保存できます。

■材料

ローズマリーの枝…2～3本
にんにく…½かけ
赤唐辛子…2本
オリーブオイル…300㎖
●消毒したびんなどの保存容器

■下ごしらえ

○ローズマリーは枝ごと切って、枯れ葉や傷ん
だところは取り除く。洗って汚れやほこりを
落とし、1～2時間乾かしてしっかり水けを
きっておく。

○にんにくは薄皮をむき、縦に½にしたものを
スライスしておく。

○赤唐辛子はヘタをとり、包丁の背で軽くた
たいて香りを立て、オイルがなじみやすくす
る。

○使用する保存用のびんは、煮沸するなど、
滅菌消毒してからよく乾かしておく。

■ 作り方

1 　洗って、水けをしっかり飛ばしたローズ
マリーの枝を保存用のびんに入れる。

2 　1の中にスライスしたにんにくとたたい
た赤唐辛子を入れる。

3 　2の中にオリーブオイルを静かに注ぎ、
葉と赤唐辛子、にんにくがすべてオイ
ルに浸かっているようにする。

4 　びんのふたをしっかり締め、軽く振っ
てローズマリーとオイルをなじませる。

5 　冷暗所に1～3週間置き、時々軽く
振って全体をなじませる。ふたをあけ
てローズマリーの香りがふわっと立っ
たらできあがり。

ローズマリー バター

ローズマリーとにんにくの風味が効いた、料理や前菜にぴったりの万能バター。
バゲットに塗って盛りつけるだけで、イタリアンにぴったりの前菜になります。

ローズマリーの香りが香ばしい、冷蔵庫に常備しておきたいバター。ローズマリーを電子レンジで乾燥させて短時間で水分を飛ばすので、ローズマリーの葉の香りが際立ち、保存性もアップします。オリーブオイルを加えることで風味も増し、どんな料理にもよく合います。

Memo

電子レンジで、ローズマリーの葉が焦げないように、加減しながら加熱します。

にんにくが苦手な人は、おろしにんにくの量を減らしてもおいしく作れます。

好みで黒こしょうやほかの乾燥ハーブを加え、アレンジしてもよいでしょう。

薄く切ったバゲットはもちろん、トーストに塗ってもおいしくいただけます。

肉料理に添えるだけでも、風味がアップします。

冷蔵庫で3ヵ月くらいは保存できます。

■材料
ローズマリーの枝…2〜3本
にんにく…¼かけ
バター…100g
オリーブオイル…大さじ3
●食品用保存袋
●消毒したびんなどの保存容器

■下ごしらえ
○ローズマリーは枝ごと切って、枯れ葉や傷んだところは取り除く。洗って汚れやほこりを落とし、水けをきって乾かしておく。
○にんにくは薄皮をむいてすりおろす。
○バターはあらかじめ室温に戻し、やわらかくしておく。
○使用する保存容器は、煮沸するなど、滅菌消毒してからよく乾かしておく。

■ 作り方

1　洗って、水けをしっかり飛ばしたローズマリーの枝をクッキングシートにのせ、電子レンジで20〜30秒加熱する。

2　1を電子レンジから取り出して冷めるのを待ち、パリパリに乾いたら食品用保存袋に入れる。

3　2を袋ごと手でよくもみ、葉を砕いて粗い粉状にする。残った枝は取り除く。

4　ボウルに室温に戻したバターを入れ、すりおろしたにんにくと3を入れてよく混ぜる。

5　4にオリーブオイルを加え、均一に混ぜて保存容器に詰め、冷蔵庫で冷やす。

Rosemary Roasted Potatoes

ローズマリー ポテト

ローズマリーとじゃがいも
は抜群の相性。何度で
も食べたくなる、おすす
めのメニュー。

Broad Beans Cream Soup

そら豆のスープ　ローズマリー風味

冷凍のそら豆でもおいしく
作れます。そら豆とローズ
マリーの風味が溶け合い、
優しい味わいに。

ローズマリー ポテト

こんがりと焼けてぱりっとした表面としっとりとした内側の食感のハーモニーが
おいしいローストポテト。ローズマリーの風味が一体となって、味わい深い。

じゃがいもをゆでて中までしっとりと仕上
がるように火を通し、表面をオーブンでカ
リッと焼き上げます。焼き上がりの10分前
に一度オーブンをあけ、ローズマリーとオ
リーブオイルを表面に散らすのがポイント。
ローズマリーが香り立ち、風味がぐっと上
がります。

■材料（3〜4人分）
ローズマリーの枝…2〜3本
じゃがいも…5個
オリーブオイル…大さじ5
塩…適量

■下ごしらえ
○ローズマリーは枝ごと切って、枯れ葉や傷ん
　だところは取り除く。洗って汚れやほこりを
　落とし、水けをきってから葉だけをちぎる。
○じゃがいもは皮をむいてひと口くらいの大き
　さに切る。

Memo

ゆでたじゃがいもを蒸して、中まで均一
に熱を通すのがポイントです。

ローズマリーは下ごしらえの際に、よく水け
をきって乾かしておきます。

じゃがいもをゆでるときに、塩をやや多め
に入れ、下味をつけておきます。

肉料理のつけ合わせにしても、おいしくい
ただけます。

仕上げの塩と一緒に黒こしょうをふってもよ
いでしょう。

■ 作り方

1　下ごしらえしたじゃがいもを、たっぷり
　　のお湯に少量の塩を入れて5〜6分ゆ
　　で、ざるにあげる。

2　じゃがいもが熱いうちに皿に移し、ラッ
　　プをかけて5分くらい蒸らす。

3　2をオーブン用のバットに広げてオリー
　　ブオイルの半量をからめる。

4　180℃のオーブンに3をバットのまま入
　　れ、15分ほど焼く。

5　こんがりと焼き色がついてきたら一度オ
　　ーブンをあけ、下ごしらえしておいたロ
　　ーズマリーの葉を散らし、オリーブオイ
　　ルの半量をかける。

6　5をさらにオーブンで10分ほど焼く。

7　器に盛りつけ、塩をふって完成。

そら豆のスープ ローズマリー風味

そら豆の甘みとローズマリーの香りがマッチした、ポタージュタイプのスープ。
そら豆以外にも、グリーンピースやカボチャを使っておいしく作れます。

そら豆をゆでる時にローズマリーの枝を加え、豆にローズマリーの風味を移すのがポイントです。玉ねぎは飴色になるまでじっくりと炒め、じゅうぶんに甘みを引き出します。温かいうちにミキサーかフードプロセッサーでなめらかになるまで攪拌します。

■材料（2〜3人分）
ローズマリーの枝…1〜2本
そら豆…300g
玉ねぎ…½個
にんにく…¼かけ
オリーブオイル…大さじ1
生クリーム…大さじ1
水…約500㎖
固形コンソメ…1個
塩…適量

■下ごしらえ
○ローズマリーは枝ごと切って、枯れ葉や傷んだところは取り除く。洗って汚れやほこりを落とし、水けをきって乾かしておく。
○そら豆は皮をむき、少量の塩を入れたお湯でゆで、粗熱がとれたら薄皮をむいておく。
○にんにくは薄皮をむき、みじん切りにする。
○玉ねぎは皮をむいてみじん切りにする。

Memo

冷凍そら豆を使う場合は、塩味がついていることもあるので、下ごしらえの際に塩を入れないでゆでます。
生クリームがないときは牛乳でも代用できますが、さらっとした仕上がりになります。
好みで仕上げに黒こしょうをふってもおいしくできます。

■ 作り方

1　熱したフライパンにオリーブオイルを入れ、みじん切りにしたにんにくを入れて香りが出るまで炒める。

2　1にみじん切りにした玉ねぎを加え、透き通るまで炒めて火を止める。

3　鍋に分量の水とコンソメ、ローズマリーの枝を入れて火にかけ、沸騰したら下ごしらえしたそら豆を入れて煮る。

4　そら豆が軟らかくなったら2を入れ、煮立ったらローズマリーの枝を取り出す。

5　4をミキサーかフードプロセッサーでなめらかになるまで攪拌する。

6　5を鍋に戻し、生クリームを入れてひと煮立ちさせて盛りつける。

ローズマリービネガー（➡
P.61）を使った、さわや
かなマリネ。前菜や、作
り置きにも便利な一品。

Marinated Seafood
魚介のマリネ　ローズマリー風味

チーズがたっぷり入って、栄養価も抜群。ローズマリーの香りが食欲をそそる。

Rosemary &
ローズマリーとトマトのグリッシーニ
Tomato Grissini

魚介のマリネ ローズマリー風味

冷凍のシーフードミックスを使って、手軽に作れます。
すぐに食べてもおいしいですが、一晩寝かせて味をなじませてから食べるのもおすすめです。

ローズマリーは魚介類の臭みを消し、さわや
かで食べやすい風味にしてくれます。シーフ
ードミックス以外にも、スモークサーモンの切
り落としや、刺身用のゆでだこを応用したマ
リネもおいしく作れます。仕上げにローズマリ
ーの葉を散らすと、いっそう香り豊かに。

■材料（2〜3人分）
ローズマリーの枝…1〜2本
シーフードミックス…500g
玉ねぎ…1/2個
にんにく…1/4かけ
オリーブオイル、白ワイン…各大さじ1
ローズマリー ビネガー…大さじ3
塩…適量

■下ごしらえ
○ローズマリーは枝ごと切って、枯れ葉や傷ん
だところは取り除く。洗って汚れやほこりを
落とし、水けをきって乾かしておく。
○シーフードミックスは、少量の塩を入れてゆ
で、ざるにあげて粗熱をとる。
○にんにくは薄皮をむき、みじん切りにする。
○玉ねぎは皮をむいて薄くスライスする。

Memo

生のえびを使うと豪華。えびの背わたをつ
まようじなどで抜き、尾を残して殻をむいて
からさっとお湯ゆでてから使います。

シーフードミックスは、ゆですぎると硬く小さく
なってしまうので、ゆで時間に注意しましょう。

ローズマリー ビネガーがないときは、市販の
ワインビネガーを使い、できたら1時間くらい
味をなじませてからいただくとよいでしょう。

好みで仕上げにレモン果汁をふっても、お
いしくできます。

■ 作り方

1 ボウルにみじん切りにしたにんにく、白
ワイン、オリーブオイル、ローズマリー ビ
ネガーを入れて混ぜる。

2 洗って乾かしたローズマリーの枝から葉
をちぎり、1に加えて混ぜる。

3 2にスライスした玉ねぎを加えてあえる。

4 下ごしらえしたシーフードミックスを3に
入れ、よく混ぜて味をなじませる。

5 器に盛りつけ、ローズマリーの葉をちぎ
って散らす。

ローズマリーとトマトのグリッシーニ

ローズマリーの葉を練り込んだ、スティック状のスナック。
トマトとチーズも入って、つい手が伸びるおいしさ。お子さまのおやつやブランチにも。

生地にローズマリーとトマト、チーズを入れて細長く整形し、オーブンで焼いて作ります。生地を仕込んで冷蔵庫で寝かせておけば、食べたい時に焼けるので便利です。市販のトマトソースのほか、パスタソースでもおいしくできます。

■**材料**（天板2枚分）
ローズマリーの枝…3〜4本
薄力粉…300g
バター…60g
オリーブオイル…大さじ3
粉チーズ…150g
トマトソース…150g
水…大さじ1
●食品用保存袋…2枚

■下ごしらえ
○ローズマリーは枝ごと切って、枯れ葉や傷んだところは取り除く。洗って汚れやほこりを落とし、水けをきってから葉だけを細かくちぎる。
○バターは常温に戻すか、電子レンジで10秒くらい温めて柔らかくしておく。

/Memo

　粉をまとめるときは、根気よく練っていき、まとまらないようなら少量ずつ水を足します。練り上がった生地が柔らかすぎると成形がしにくくなるので注意します。
　オーブンの種類によって、火力に差があるので、加減を見ながら焼き時間を調節します。表面にうっすらと焼き色がついてきたら、オーブンから出します。
　ローズマリーは下ごしらえの際に、よく水けをきり、乾かしておきます。焼くと葉が縮みますが、気になる場合は包丁で細かく刻んでもよいでしょう。

■ **作り方**

1　常温に置いて柔らかくしたバターとオリーブオイル、粉チーズ、トマトソースをボウルに入れて混ぜる。

2　1に水大さじ1を入れて混ぜ、さらに薄力粉を加えて混ぜる。

3　はじめはパサパサだが、混ぜながら練ると、ひとまとまりになる。まとまりにくい時は、少量の水を加えて練る。

4　下ごしらえで細かくちぎったローズマリーを3に入れてよく練る。

5　4を2等分し、食品用保存袋に1つずつ入れて、口のチャックを閉じ、上から押して厚さ5〜7mmになるように伸ばす。

6　食品用保存袋を開いて上から包丁を入れ、幅1.5cmくらいにカットする。

7　オーブン用の天板にクッキングシートを敷き、隙間を少しあけて6を袋から出して並べる。

8　180℃のオーブンで焦がさないように15分焼き、粗熱がとれたら天板から外す。

ローズマリーとラム肉は相性がぴったり。ラム肉の臭みをまったく感じさせず、香り高く仕上がります。

Sauteed Lamb

ラム肉のソテー ローズマリー風味

Rosemary Hot Drink

ローズマリーのホットドリンク

ローズマリーとオレンジの
香りがマッチした、温かい
ドリンク。しょうがのエキス
も入って体がポカポカに。

ラム肉のソテー ローズマリー風味

「ラム肉は匂いがちょっと苦手」という人に試してほしい、目からうろこのメニュー。
ローズマリーと一緒に焼くだけで、いつものラム肉が極上の一皿に。

ラム肉は、ロースかヒレがソテーにおすすめの部位です。焼きすぎると硬くなって旨みが逃げてしまうので、焼きすぎないように注意します。ローズマリーを枝ごと一緒に焼いて、さわやかな香りをたっぷり移すと、おうちディナーにぴったりのメインディッシュになります。

■ **材料**（2人分）
ローズマリーの枝…2〜3本
ラム肉…約300g
にんにく…½かけ
オリーブオイル…大さじ1
塩…適量
こしょう…適量
ステーキソース…大さじ2
●アルミホイル

下ごしらえ

○ローズマリーは枝ごと切って、枯れ葉や傷んだところは取り除く。洗って汚れやほこりを落とし、水けをきっておく。
○ラム肉は、焼く1時間くらい前に冷蔵庫から出しておき、常温に戻す。
○にんにくは薄皮をむき、薄くスライスしておく。

Memo

焼く1時間くらい前にラム肉を冷蔵庫から出し、常温に戻しておくことが、おいしく焼き上げるコツです。
ラム肉は熱で硬くなりやすいので、両面を焼いたら、指で押して弾力を感じるくらいの焼き加減でフライパンから出して保温し、寝かせることで余熱でじっくり熱を加えます。

■ 作り方

1　常温に戻したラム肉の表面に塩、こしょうをふる。

2　フライパンを熱してオリーブオイルをひき、スライスしたにんにくを入れ、中火にして香りが立つまで熱する。

3　2に枝ごとローズマリーを入れ、油が回ったら端に寄せて1の肉を入れて焼く。

4　片面に焼き色がついたら裏返して反対側の面を焼く。

5　両面に焼き色がついたらいったん大きめに切ったアルミホイルを敷いた皿に取り出し、アルミホイルで肉を包んで上から乾いたタオルで保温し、15分以上寝かせる。

6　アルミホイルから取り出した5を熱したフライパンに戻し、両面を軽く焼いたら、皿に盛り付けてスライスする。

7　6のフライパンに市販のステーキソースを入れて熱し、ローズマリーの風味を移す。

8　6に7をかけていただく。

ローズマリーのホットドリンク

オレンジジュースにローズマリーとしょうがの香りをプラスしたホットドリンク。
小鍋で温めるだけで作れるので、手軽にできて、デトックス効果も期待できます。

冬にぴったりの、体が温まってリフレッシュ
できるドリンク。ローズマリーのさわやかな
香りが広がり、しょうがも入って体も心も
ポカポカ気分に。オレンジのビタミンとロー
ズマリーの抗酸化作用で、デトックス効
果も。

■**材料**（1人分）
ローズマリーの枝
　（15cmくらいに切って洗ったもの）
　　…1〜2本
オレンジジュース…250mℓ
しょうが（すりおろしたもの）…小さじ½

下ごしらえ
○ローズマリーは枝ごと切り、よく洗って水けを
　きっておく。
○オレンジジュースは果汁100％のものを用
　意。好みで果汁の割合が異なるものでも。
○しょうがは皮をむいてすりおろしたものを、
　小さじ½くらい用意する。市販のおろししょ
　うがでもよい。
○使用するカップは、温めておく。

■ 作り方

1　小鍋にオレンジジュースを注ぎ、ロー
　　ズマリーの枝を入れて弱火で温める。

2　すりおろしたしょうがを加え、沸騰し
　　ないように5分くらい温める。

3　あらかじめ温めておいたカップに2を
　　注ぎ、ローズマリーの枝を添える。

Memo

フレッシュなローズマリーの香りが、オレン
ジにぴったりです。

乾燥したドライハーブのローズマリーを使っ
て作りたい場合は、葉を多めに使って濃
いローズマリーのティーを作り、温めたオレ
ンジジュースに加えるとよいでしょう。ティー
とオレンジジュースの割合は、お好みで調
節してください。

Chapter 5

ローズマリーを育てて楽しむ

丈夫で育てやすく、一度根づけば年々成長してくれるローズマリー。
健やかに育てるためのポイントをわかりやすくご紹介します。

＊市販の培養土が手軽
市販の草花用培養土（肥料入り）に、パーライトなどを1～2割加える。

＊自分で理想の用土に配合
自分で用土を配合する場合は、赤玉土4（中粒1、小粒3）、腐葉土またはバーク堆肥3、鹿沼土1、パーライト1、ピートモス（酸度調整済み）1の割合で配合し、緩効性化成肥料を少量加えて使用する。

鉢栽培からはじめるローズマリー

苗から育てて、安全安心な無農薬栽培で収穫

　ローズマリーは強健で病害虫が少ない、育てやすい植物です。無農薬栽培もできます。弱点は過湿と高温、または高温多湿、低温ですが、関東の平野部以西なら戸外で越冬し、寒冷地でも鉢栽培なら日当たりのよい軒下や窓辺で越冬できます。最初は、ポット苗などの苗から鉢植えで育てるとよいでしょう（➡P.14）。

水はけと通気性がよく、根がしっかり張れる用土に

　ローズマリーは、やや乾燥気味を好む低木です。そのため、鉢栽培では水はけよく、通気性、適度な保肥性をもつ用土を使って育てるのが理想です。根がしっかり張ると、地上部の生育がよくなります。

　鉢栽培の場合、市販の培養土は手間がかかりませんが、商品によっては過湿になりやすいことがあるので、品質のよい培養土を購入し、パーライトなどを1～2割よくすき込んでから使用します。さらに、鉢底に鉢底石を忘れずに入れます。また、自分で配合すると、理想の培養土を作ることもできます。

　なお、庭植えの場合、苗を植える1ヵ月前によく耕した土に腐葉土やバーク堆肥、石灰などを混ぜ込み、水はけが悪い場所ならパーライトを1割程度加えてよく耕します。

栽培におすすめの用土

中粒　小粒

赤玉土（中粒と小粒）

関東ローム層と同じ火山灰土の一種。粒の大きさにより大粒、中粒、小粒などに選別される。水はけ、通気性、保水性がよい。鉢植えに適し、多くの植物の基本用土として使われる。

鹿沼土

栃木県の鹿沼地方でとれる酸性で黄土色の粒状用土。無菌で水はけがよいので、鉢植えの基本用土として利用される。

栽培に使いたい資材

腐葉土

落ち葉を発酵熟成させたもの。用土に混ぜて使うと、通気性、水はけ、保水性、保肥性が向上する。完熟したものを選びたい。

ピートモス（酸度調整済み）

湿原のコケ類が腐植化したもので、通気性、保水性、保肥性を改善する。通常のピートモスは酸性だが、弱酸性に調整されたもの。

パーライト

真珠岩を高温で焼成した、多孔質で粒状の人工用土。軽くて通気性、保水性、水はけがよい。主に水はけを向上するために使われる。

鉢底石

主に鉢植えで使用し、大きめで粒状の軽石などが使われる。鉢内の水はけをよくするために、培養土を入れる前に鉢の底に入れて使う。

鉢と、あると便利な用具

通気性のよい鉢がおすすめ
用途に合ったはさみが便利

　ローズマリーはどんな鉢でも育てられますが、水はけと通気性に注意します。

　プラスチック製と陶器製の鉢は通気性があまりないので、鉢底穴の大きなものにし、鉢底に鉢底石を使用します。栽培では、水はけと通気性のよい「スリット鉢」がおすすめです。苗の育成にも適しています。素焼き鉢は通気性がよくローズマリーの栽培に適します。鉢底穴の大きなものを選びましょう。重さがありますが、地上部が成長しても転倒しにくい利点があります。

　苗を植えたら、植物名や品種名を忘れないように、プランツタグ（ネームプレート）をつけておきましょう。

素焼き鉢

通気性に優れる。苗より二回りくらい大きなものを選ぶ。

鉢は、なるべく鉢底穴が大きく水はけのよいものがよい。

スリット鉢

鉢底から側面にかけて、細長いスリット状の切れ込みが入っている。

陶器製の鉢

マットな質感でユーズド加工が施されたおしゃれな鉢。鉢底石を使うようにする。

プランツタグ
（ネームプレート）

つけておくと、植物名や品種名を忘れない。丈夫で長持ちする素材がおすすめ。

園芸ばさみ

日常の手入れから細い枝の剪定、クラフト作りなど、幅広い用途に使える。

剪定ばさみ

園芸ばさみでは切りにくい太めの枝を切る時に使用する。

土入れ

鉢に苗を植えつけるときや、庭土の改善に腐葉土などを加える際にも。

鉢底ネット

鉢底穴の上に敷き、培養土の流出や害虫の侵入を防ぐ。

元肥用の緩効性化成肥料

植えつけ時の用土に混ぜ込んで使う。
効果が長く、穏やかに効く。

追肥用の置き肥

タブレット状の緩効性の化成肥料。
用土に少し押し込んで使うと効果的。

有機肥料

日当たりがよくない場所に植えた時
や、花つきが悪い時などに。

肥料や活力剤の与え方

適した肥料を少量
適期に与えて株を育てる

　ローズマリーは、丈夫で強健な品種が多く、
あまり多くの肥料を必要としません。適期に
少量を与えるようにしましょう。

　植えつけの際は、鉢植え、庭植えともに、
元肥用の緩効性化成肥料を少なめに、用土
に混ぜ込みます。

　鉢植えでは、秋口に固形の置き肥を鉢の
縁側の用土に与えます。

　庭植えでは、その後は特に肥料を与えなく
ても問題ありませんが、花つきがよくない場
合は秋口に株元から少し離れたところに固
形の有機肥料か粒状の置き肥を与えます。

鉢植えは液肥や活力剤を併用

日当たりと水はけのよい庭に植えた場合は順調に育
ちますが、ベランダなどの限られた環境で鉢植えを
育てる場合は、液肥や活力剤を併用してみましょう。

❶用途にあった液肥や活力剤を
選び、説明書を読んで規定量の
原液を量る。

❷ジョウロに
入れ、規定分
量の水を加え
て薄め、よく混
ぜてから鉢土
に与える。

液肥

水で規定倍率に希
釈して使うものが多
い。株を育てる、花
つきをアップするなど、
目的に応じて使用。

活力剤

植えつけ直後の根
の伸長を促したり、
鉢植えを夏バテか
ら回復させる時な
どに役立つ。

大株の植えつけ

植えつけてすぐに使える
便利で見栄えもする大株

　小さな株から愛着をもって育てるのは楽しいものですが、ローズマリーの人気が高まってきたため、すぐに料理やクラフトに利用できる大株が多く流通するようになってきました。

　植えつけや植え替えは、3〜5月か10〜11月が適期です。

　苗の根が硬く回っている場合は、根をあまり切らないように注意しながら軽くほぐして植えつけます。

■ 用意するもの

ローズマリー'マリンブルー'（木立性）の苗5号
●素焼き鉢7号、
　配合した培養土（緩効性肥料入り）➡P.80、
　鉢底ネット、鉢底石、土入れ

木立性で濃い青紫色の花がよく咲くローズマリー'マリンブルー'。強健で、鉢植えでも育てやすい。

■ 植え方

1 鉢底穴よりも大きめに鉢底ネットを用意し、鉢底穴の上に敷く。

2 1の上から土入れで鉢底石を深さ3〜4cmくらいまで入れる。

3 2の上から土入れで培養土を足し入れる。深さ¼くらいまで入れる。

4　苗のポットの縁を軽くた
　　たき、根鉢を出しやすく
　　する。

5　根鉢が緩んだら株元を
　　つかみ、苗をポットか
　　ら抜き出す。根がびっし
　　りと硬く回っている。

6　根をあまり損なわないよ
　　うに気をつけながら軽く
　　ほぐす。まず、底面に
　　指を入れてほぐす。

7　根鉢の肩に堆積してい
　　る土をつかみ取り、軽
　　く落とす。

8　側面に硬く回った根は、
　　あまり切らないように少
　　し緩める。根鉢を整え
　　終えた苗。

9　8の苗を3の鉢の中央に
　　配置する。このとき、枝
　　のバランスや正面からの
　　見え方にも注意する。

10　土入れで苗と鉢の隙間
　　に培養土を足し入れる。

11　鉢の縁から3cmほど下
　　まで培養土を足し入れ
　　る。株元の土を押さえ
　　て落ち着かせ、少し減
　　ったら培養土を足す。

12　数回に分けて水を与え、
　　鉢底穴から水が流れるま
　　でたっぷりと水やりする。
　　1～2日間、半日陰に置
　　いた後、日なたで育てる。

木立性で生育旺盛なローズマリー 'マリンブルー'。庭植えでよく育ち、日本の気候にも合っている。

庭への植えつけ

日当たりと水はけのよいところに植え耐寒温度に注意する

　ローズマリーは常緑なので、ガーデンのアクセントに適し、生垣にして印象的な樹形を楽しめます。日当たりと水はけのよいところに、耐寒温度を確認してから植えます。周囲より高くして水はけのよい培養土を加えて植える(レイズドベッド＝立ち上げ花壇)と育ちがよくなります。

　3号以上の充実した苗を選び、植えつけ適期は3〜5月か10〜11月。温暖地では10〜11月、寒冷地や雪が多い地域では雪が溶けて地温が安定した5月頃に植えるとよいでしょう。

■ 用意するもの

ローズマリー 'マリンブルー'(木立性)の苗
　(3号以上の充実した苗)

● 土入れ、移植ごて、根切りナイフ、腐葉土、緩効性化成肥料➡ P.83

■ 植え方

1 移植ごてなどを使って、植えつける場所を深さ30〜40cmくらいまでよく耕す。

2 雑草の根は根切りナイフで取り除く。小石やがれきなどは拾って取り除く。

3 完熟した腐葉土を2〜3握り、耕した2のところにまく。

4　3のところに軽く1握りくらいの緩効性化成肥料をまく。

5　腐葉土と緩効性化成肥料を耕した土とよく混ぜ、軽く表面をならす。

6　移植ごてで5の中央に、苗の根鉢よりも少し大きな植え穴を掘る。

7　6の植え穴にポットのまま苗を置いてみて、大きさや深さがちょうどよいかを確認する。

根鉢

8　ポットから苗を抜き、根鉢の状態を確認する。硬く根が回っていたら少し緩める。

9　苗の根鉢を底面から優しくほぐし、根鉢の肩と側面も少し緩める。根はできるだけ切らないほうがよい。

10　根鉢を緩めた苗を6の植え穴に配置する。このとき、枝のバランスや正面からの見え方に注意する。

11　苗の左右から土を寄せ、苗の高さを地面と同じにする。株元を軽く押さえて根鉢をなじませる。

12　株元に少し水がたまるくらいまでしっかり水を与え、水が引いたら再び同じくらいの水を与える。

伸びた枝や枯れ枝を整え
あいたスペースに補植する

　ローズマリーは比較的手間がかからない低木ですが、3年以上、整枝・剪定をしないと、枯れ枝や樹形の乱れが目立ってきます。春と秋の生育期間中に整えるとよいでしょう。温暖地なら、春と秋に整枝・剪定と補植が同時にできるので、リフォームして庭をリフレッシュするのがおすすめです。

Before

乱れを
直したい

1 ローズマリーの樹形が乱れ、
　　下草の一部が枯れている

ローズマリーが部分的に伸びすぎており、枯れ枝も目立つ。下草の一部が枯れたままになっている。

整枝・
剪定

2 下草を除去して土を耕し、
　　ローズマリーの整枝をしやすく

手前の植栽部分の下草を抜いて撤去した。足場がよくなったので、ローズマリーの剪定がしやすくなった。

●ローズマリーを整枝・剪定する

1 枯れ込んで茶色くなり、葉がついていない枝をつけ根から切り落とす。

2 枯れている太い枝を、つけ根から1～2cmの位置で剪定のこぎりを使って切る。

3 全体のバランスを見て、伸びすぎた枝や混み合った枝を間引くように切る。整枝・剪定が完了。

■ 用意するもの

苗：ローズマリー'トスカーナブルー'4号、
カレックス'ジェネキー'3号、
オレガノ'マルゲリータ'3号、
シレネ・ユニフローラ3号、
リシマキア・ヌンムラリア'オーレア'3号、
ロニセラ'レモンビューティー'3号…各1ポット

●培養土（緩効性化成肥料入り）、移植ごて、
　ハンドフォーク、剪定ばさみ、剪定のこぎり、ジョウロ

After

補植

3 ローズマリーの整枝後、
土を耕して補植の準備を

手前のスペースの土をよく耕し、小石などを取り除いた。新しい用土を追加してよく混ぜ、ふかふかの土に。

4 下草を植えつけて水やりし、
リフォームが完成

乱れたローズマリーがすっきりと整った。手前に新たなローズマリーとカラーリーフを植えつけた。➡ P.5参照

●手前のスペースに苗を補植する

1

補植する苗を仮置きして配置を決める。手前には草丈が低くて広がるように伸びるものを植えるとよい。

2

土を深さ約30cmまでよく耕し、小石などを取り除く。新しい用土を足してよく混ぜ、苗をポットから抜いて植えつける。

3

植えつけた苗に、数回に分けてたっぷりと水やりしてリフォームが完成。1週間くらいは水切れしないように注意する。

ローズマリーのふやし方

挿し穂を1〜2時間水あげし、発根促進剤に浸すのがコツ

　ローズマリーは低木なので、手軽に挿し木でふやせます。4〜5月と10〜11月が適期で、気温が15〜20℃の時期によく発根します。

　挿し穂に適するのは、完全に木化していない白い枝の部分で、花が咲いている節からは発根しません。よく切れるはさみで枝を斜めに切り、挿し穂を1〜2時間水あげして、切り口を発根促進剤に浸してから用土に挿します。

■ 用意するもの

ローズマリーの枝

●連結ポット（1穴4×4×4cm程度）、水あげ用のコップ、芽切りばさみ、土入れ、タネまき用土、発根促進剤、希釈用カップ

1年前に挿し木し、半年前にポット上げしたローズマリーの苗。緑色の葉がいきいきとして美しい。

■ 挿し木の手順

6〜7cm

1〜2cm

1　ローズマリーの枝の先端で、枝が木質化していない白い部分を6〜7cmのところで切る。

2　1の下側の葉を1〜2cm分くらい切り落として葉の数を調整し、枝を挿しやすくする。

3　2をよく切れる芽切りばさみを使って長さ5〜6cmのところで切りそろえ、切り口が斜めになるようにする。

4 水を入れたコップに3を1～2時間、切り口を下にして水に浸し、挿し穂を水あげする。

5 連結ポットに土入れでタネまき用土を入れ、隙間ができないように用土を詰める。

6 用土を手で平らにならし、ポットの穴に均一に用土を詰める。用土が減ったら上から足してしっかりと詰める。

7 はす口をつけたジョウロで用土に水分を含ませる。配合されているピートモスが水をはじくので、数回に分けて吸水させる。

8 希釈用カップに規定量の発根促進剤を入れ、よく混ぜる。

9 水あげした4の挿し穂の下側を8の希釈液に浸す。

10 7のポットの中央に9の挿し穂を差し込む。

11 上から静かに水を与えて完了。雨が直接当たらない半日陰で水切れしないように管理すると、約3週間で発根する。根が十分に出たら、ビニールポットに植え替える。

ローズマリーの水やり

水やり用の水分計
土の中の乾燥状態がわかる。「サスティー」などの商品が販売されている。

鉢植えの水やりは乾いたらたっぷり
庭植えは基本水やりの必要なし

ローズマリーは過湿を嫌う植物です。ほかの植物と同じように水やりをすると、根腐れしてしまうことがあります。

鉢植えは、水はけのよい用土を使用し、鉢底入れを入れて植え替えたら、水を与える前と与えた後に鉢を持ち、重さを覚えておきます。水を与える前の重さに近かったら水やりします。難しいようなら、水やり用の水分計を差しておくか、少し用土を掘り返して確認します。鉢の中が乾いていたら、鉢底から水が出るまで優しくたっぷり水やりします。

一般の植物では、鉢土の表面が乾いたら水やりするのが基本ですが、ローズマリーの場合は、それでは過湿になることが多いので、気をつけます。

庭植えは、苗の植えつけ後、根づいたら水やりは必要ありません。ただし、夏に1ヵ月雨が降らない場合や軒下で雨がかからない場所など、乾きすぎた時は水やりします。

ローズマリーの四季の管理

主な手入れは、生育期の春と秋に行う

ローズマリーは春と秋に盛んに生育します。冬も生育は続きますが、寒さが苦手なので、厳寒期は生育が緩やかになります。高温多湿を嫌うため、夏は水やりを控えめにして、風通しのよい場所で涼しく管理します。

◎ローズマリーの栽培カレンダー ＊関東平野部以西を標準としています。

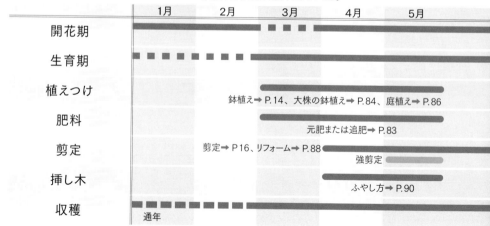

	1月	2月	3月	4月	5月
開花期					
生育期					
植えつけ			鉢植え→ P.14、大株の鉢植え→ P.84、庭植え→ P.86		
肥料			元肥または追肥→ P.83		
剪定		剪定→ P.16、リフォーム→ P.88	強剪定		
挿し木			ふやし方→ P.90		
収穫	通年				

ローズマリーの病害虫対策

病害虫とも被害箇所ごと摘み取る植物由来の農薬もある

　ローズマリーはハーブの中でもあまり病害虫の被害にあわない植物です。それでも、春先のアブラムシやカイガラムシ、秋にうどんこ病が発生することがあります。

　被害が多くない場合は、いずれも害虫や病気を被害箇所ごと摘み取って処分します。被害が大きい場合は、ハーブに適用のある、植物や食品由来の農薬を使用します。

　また、木が太くなるとまれにカミキリムシの幼虫(テッポウムシ)が株元の幹の中に侵入して内部を食害し、株を枯らすことがあります。株元に麻布などを敷いておき予防します。株元に穴や切りくずを発見したら、穴に農薬を流し込むか針金などで引きずり出して捕殺します。

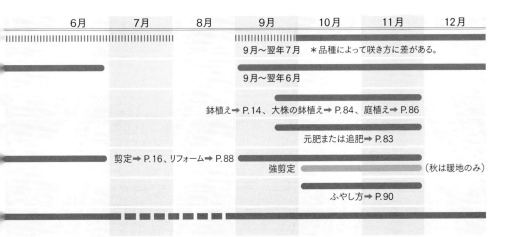

	6月	7月	8月	9月	10月	11月	12月

9月〜翌年7月　＊品種によって咲き方に差がある。

9月〜翌年6月

鉢植え➡ P.14、大株の鉢植え➡ P.84、庭植え➡ P.86

元肥または追肥➡ P.83

剪定➡ P.16、リフォーム➡ P.88

強剪定　　　　　　　　　　　　　　（秋は暖地のみ）

ふやし方➡ P.90

おすすめグッズ
カタログ

ローズマリーを楽しく育てるために、あると便利でおしゃれなガーデニンググッズをご紹介します。お気に入りのグッズがあると、植えつけや剪定などの管理が楽しくなるでしょう。

イギリス Spear&Jackson 社の移植ごてとハンドフォーク。

デザインや使い勝手にこだわった、DULTON 社製のハンドスコップ。

アンティーク加工を施したマットな質感の陶器鉢。黒とベージュがある。

イギリス Spear&Jackson 社のバイパス剪定ばさみ。太めの枝が切りやすい。

やがて土に返るエコポット。カラフルな色と豊富なサイズがそろう。

環境に優しいプランツタグ（ネームプレート）。花の資材専門のホワイエ社製。

エコツールマーケット社のはさみケースとレザーベルト。

アクツオブフェイス社のガーデンエプロン。動きやすく、機能的。

エコツールマーケット社のガーデングローブ。しなやかな本革製。

ナーセリー＆ショップガイド

ハーブを購入する際は、自分の目で見て香りを確認しながら選ぶのがベストです。近年はネット通販も充実し、いろいろな品種が入手しやすくなっています。お気に入りの品種を見つけて育ててみてください。　※2021年1月末現在

左）日野春ハーブガーデンのエントランス。
右）多種多彩なハーブ苗が充実している。

左）緑に囲まれたおしゃれな外観。広い駐車場も完備。
右）観葉植物でいっぱいのカフェ FARMER'S KITCHEN。

■日野春ハーブガーデン

八ヶ岳南麓の澄んだ空気と清らかな水で約300種のハーブと観賞用宿根草類を生産・販売。通信販売用カタログは84円切手4枚を同封の上、請求。直売所には併設のガーデンもある。

山梨県北杜市長坂町日野2910
Tel : 0551-32-2970（10：00〜17：00）
mail : hino@hinoharu.com
http://www.hinoharu.com

■ the Farm UNIVERSAL CHIBA

まるで植物園のようなガーデンセンター。ハーブや草花、庭木、資材、ガーデニンググッズまで充実したラインナップ。植物に囲まれたカフェ FARMER'S KITCHEN を併設。

千葉県千葉市稲毛区長沼原町731-17
フレスポ稲毛 センターコート内
Tel : 043-497-4187（10：00〜17：00）
mail : chiba@the-farm.jp
http://the-farm.jp/chiba/

●おすすめの全国園芸店とネットショップ　（2021年1月末現在）

＊主に、本社・本店を記載しました。他の支店については、各ホームページを参照してください。
「通販あり」はネットショッピングできる業者です。

■ジョイフル本田 瑞穂店

東京都西多摩郡瑞穂町殿ヶ谷442
Tel: 042-568-2331（ガーデンセンター）
https://www.joyfulhonda.com/
＊幸手店、千葉ニュータウン店、宇都宮店など
　関東に展開

■オザキフラワーパーク

東京都練馬区石神井台4-6-32
Tel: 03-3929-0544
https://www.ozaki-flowerpark.co.jp/
＊通販は一部の植物のみ

■サカタのタネ

神奈川県横浜市都筑区仲町台2-7-1
Tel: 045-945-8800
https://www.sakataseed.co.jp/
＊直営店ガーデンセンター横浜（TEL：045-321-3744）
　通販あり　カタログ

■ザ・ガーデン本店 ヨネヤマプランテイション

神奈川県横浜市港北区新羽町2582
Tel: 045-541-4187
https://www.yoneyama-pt.co.jp/
＊港北ニュータウン店、多摩店、トレッサ横浜店、中山店（仙台）

■タキイ種苗（本社）

京都府京都市下京区梅小路通猪熊東入南夷町180
Tel: 075-365-0123
https://www.takii.co.jp/
＊通販あり　カタログ

■国華園

大阪府和泉市善正町10
Tel: 0725-92-2737
http://www.kokkaen.co.jp/
＊直売店：園芸センター（和泉本店）、二色の浜店　通販あり

■SORAMIMI ハーブショップ（実店舗グリーンノート）

島根県松江市西津田3-14-13
Tel: 0852-21-8521
https://www.qherb.jp/
＊通販あり

■大神ファーム（おおがファーム）

大分県速見郡日出町大神6025-1
Tel: 0977-73-0012
http://www.ogafarm.com/
＊通販あり

※営業日、営業時間などは変更になることがあります。各店のHPなどでご確認ください。

著者紹介

石川久美子（いしかわ くみこ）

[利用方法、実例を担当]

大学卒業後、園芸市場勤務をへて、the Farm UNIVERSAL CHIBA花売場（おはなのもり）売り場チーフ。日比谷公園ガーデニングショー2019ハンギングバスケット部門 東京都都市緑化基金賞、NHK「趣味の園芸」寄せ植えコンテスト最優秀賞ほか、受賞歴多数。植物を活用したクラフトなど、暮らしに植物を取り入れる提案を得意とし、雑誌『園芸ガイド』などでも講師として活躍中。

下司高明（げじ たかあき）

[栽培・管理、品種解説を担当]

種苗会社勤務を経て、八ヶ岳南麓でハーブ専門のナーセリー「日野春ハーブガーデン」の農場長としてハーブや宿根草などの生産・販売を手がける。併設のハーブガーデンは、四季を通じて楽しめるハーブの植栽例が魅力。NHK「趣味の園芸」講師。著作『栽培12ヶ月ナビ ラベンダー』（NHK出版）ほか。ハーブ全般に精通している。

デザイン ● 矢作裕佳(sola design)
写真撮影 ● 杉山和行(講談社写真部)
取材協力 ● the Farm UNIVERSAL CHIBA、日野春ハーブガーデン
料理監修 ● FARMER'S KITCHEN 千葉
撮影協力 ● 花の大和(八ヶ岳農場)、松尾由利、弘兼奈津子
写真提供 ● 日野春ハーブガーデン、SORAMIMIハーブショップ、澤泉美智子
編集協力 ● 澤泉美智子(澤泉ブレインズオフィス)
Special Thanks ● 中村敬子

おいしい・楽しい・抗菌・抗ウイルス・抗酸化ハーブ
育てて使う　はじめてのローズマリー

2021年3月18日　第1刷発行

著　者　石川久美子　下司高明
発行者　鈴木章一
発行所　株式会社 講談社
　　　　〒112-8001　東京都文京区音羽2-12-21
　　　　（販売）03-5395-3606
　　　　（業務）03-5395-3615
編　集　株式会社講談社エディトリアル
　　　　代表　堺 公江
　　　　〒112-0013　東京都文京区音羽1-17-18　護国寺 SIAビル6F
　　　　（編集部）03-5319-2171
印刷所　凸版印刷株式会社
製本所　大口製本印刷株式会社

N.D.C.627　95p　21cm
©Kumiko Ishikawa, Geji Takaaki, 2021 Printed in Japan
ISBN978-4-06-522631-5

25章 仮定法

☑CHECK 73

➡ 解答は p.40

次の日本語を英語にするとき仮定法を使うものを選びなさい。

(1) 晴れてたらサッカーできるのに！
(2) じゃんけんで勝ったら教えてあげるよ。
(3) 宿題が終わったら遊びに行っていいわよ。
(4) 宿題が終わっていたらすぐに遊びに行けるのになぁ。

☑CHECK 74

➡ 解答は p.40

次の日本文に合うように，（　　）に適語を書きなさい。

(1) アメリカに住んでいたらMLBの試合に行けるのに。
　　If I（　）in America, I（　　）（　　）to MLB games.
(2) もっと時間があればなぁ。
　　I（　　）I（　　）more time.
(3) 明日晴れていたら買い物に行きましょう。
　　Let's go shopping if the weather（　　）good
　　tomorrow.
(4) もしここに彼がいたらなんて言うだろう。
　　If he（　　）here, what（　　）he say to us ?

26章 入試問題にチャレンジ ～形式別問題演習～

☑CHECK 75

➡ 解答は p.40

次の（　）に入る最も適する語句をあとから1つ選び，記号で答えなさい。

(1) Who (　) breakfast at your house every day ?
　　（ア. make　イ. makes　ウ. to make　エ. making ）

(2) Mr. Kato asked me (　) here.
　　（ア. wait　イ. waited　ウ. waiting　エ. to wait ）

(3) Mike is (　) in his family.
　　（ア. tall　イ. taller　ウ. as tall　エ. the tallest ）

(4) This book (　) a long time ago.
　　（ア. wrote　イ. written　ウ. was written　エ. was writing ）

(5) Bob had no time (　) the book.
　　（ア. read　イ. to read　ウ. was reading　エ. reading ）

✔CHECK 76

➡ 解答は p.40

次の（　）に入る最も適する語を，あとの選択肢から選び記号で答えなさい。

(1) Tom and I (　) in the same class.
　　（ ア. am　イ. are　ウ. is　エ. was ）
(2) I like (　) flowers very much.
　　（ ア. this　イ. that　ウ. it　エ. these ）
(3) (　) you read the book ?　－　Yes, I did.
　　（ ア. Have　イ. Were　ウ. Did　エ. Will ）
(4) I will study harder (　) I want to be a teacher.
　　（ ア. because　イ. but　ウ. that　エ. so ）
(5) They were surprised (　) the news.
　　（ ア. with　イ. in　ウ. at　エ. to ）

✔CHECK 77

➡ 解答は p.41

次の各組の文がほぼ同じ内容を表すように，（　）に適語を書きなさい。

(1) ｛Is this your notebook ?
　　 Is this notebook (　) ?
(2) ｛Yesterday I had a lot of things to do.
　　 Yesterday I was (　).
(3) ｛My dog isn't as big as yours.
　　 Your dog is (　) than mine.
(4) ｛My sister got sick last week. She is still sick.
　　 My sister has (　) sick (　) last week.
(5) ｛Let's go to the park this afternoon.
　　 (　) (　) go to the park this afternoon ?
　　 (　) (　) going to the park this afternoon ?

☑CHECK 78

➡ 解答は p.41

次の日本文に合うように，（　　）内の語を並べかえなさい。

(1) トムは今日，お母さんの手伝いをしなくてもよい。
   (have, help, Tom, mother, does, today, to, his, not).

(2) 彼がいつ帰ってくるのか，私にはわかりません。
   (when, back, I, will, know, don't, he, come).

(3) あなたは今までに英語で書かれた本を読んだことがありますか？
   (read, English, ever, you, in, a, written, have, book)?

(4) あなたたちが日本について学ぶことは，大切なことです。
   (Japan, important, for, is, it, learn, you, about, to).

(5) 彼女が歌えば，そのパーティーはもっと素晴らしいものになるでしょう。
   (her, wonderful, will, the, more, make, songs, party).

(6) 今日は昨日より寒かった。
   (than, today, yesterday, it, colder, was).

― 解答 ―

CHECK 1

(1) I am **Ken**.
(2) **You are a student**.
(3) **Andy is tall**.

CHECK 2

(1) I (**am**) Ken.
(2) You (**are**) from India.
(3) You and Jiro (**are**) friends.

CHECK 3

(1) I am <u>not</u> Ken.
(2) **You are** <u>not</u> **from India**.
(3) **You and Jiro are** <u>not</u> **friends**.

CHECK 4

(1) <u>Is</u> Mr. Brown your friend?
　— Yes, he is.
(2) <u>Are</u> you a teacher?
　— No, I'm not.
(3) <u>Are</u> you and Hiroshi students?
　— Yes, we are.

CHECK 5

(1) (**She's**) tall.
(2) You (**aren't**) busy.
(3) (**Are**) Kumi and Ken friends?
　— No, (**they**)(**aren't**).
　/ No, (**they're**)(**not**).

CHECK 6

(1) あなたのお姉さん(妹)は公園にいます。
(2) あなたの家は駅の近くにありますか?

CHECK 7

(1) **I speak Japanese**.
(2) **You like dogs**.

CHECK 8

(1) **I go to school on foot**.
(2) **You play the guitar well**.
(3) **They have books in their bags**.

CHECK 9

(1) They (**have**) a black dog.
(2) Your sister (**speaks**) English well.
(3) You and Mike (**come**) to school together.
(4) Paul (**studies**) Japanese very hard.

CHECK 10

(1) **They** <u>don't have</u> **a black dog**.
(2) **Your sister** <u>doesn't speak</u> **English well**.
(3) **You and Mike** <u>don't come</u> **to school together**.
(4) **Paul** <u>doesn't study</u> **Japanese very hard**.

CHECK 11

(1) <u>Do</u> **they** <u>have</u> **a black dog?**
　— Yes, they <u>do</u>.
(2) <u>Does</u> **your sister** <u>speak</u> **English well?**
　— No, she <u>doesn't</u>.
(3) <u>Do</u> **you and Mike** <u>come</u> **to school together?**
　— Yes, we <u>do</u>.
(4) <u>Does</u> **Paul** <u>study</u> **Japanese very hard?**
　— No, he <u>doesn't</u>.

CHECK 12

(1) **English** 　(2) ×　　(3) **books**

CHECK 13

(1) **desks** 　(2) ×　　(3) **libraries**
(4) ×　　(5) ×　　(6) **watches**

CHECK 14

(1) **We like** (**music**).
(2) You read (**books**) in (**the library**).
(3) I have (**letters**) in (**my bag**).

CHECK 15

(1) I like (**her**).
(2) (**He**) plays tennis with (**his**) friends.
(3) (**You**) are students.

CHECK 16

(1) They are kind.
(2) That is an interesting book.
(3) She is a good tennis player.

CHECK 17

(1) 私は<u>日本に</u>住んでいます。
(2) あなたは<u>夕食後お皿を</u>洗います。
(3) 彼らは<u>毎朝</u>，<u>朝食に</u>パンを食べます。

CHECK 18

(1) I go to school by bike.
(2) Do you live near the park?
(3) They have bread for breakfast
  every morning.

CHECK 19

(1) We play (**in**) our room.
(2) You get up (**at**) six (**in**) the morning.
(3) I see him (**on**) Thursday.

CHECK 20

(1) They are always kind.
(2) I often talk with Lucy.

CHECK 21

(1) (**Where**) do they go?
(2) (**Why**) are you angry?
(3) (**Which**) pen is his?
(4) (**How many**) balls does she have?

CHECK 22

(1) (**What**) is your mother's job?
  — She is a nurse.
(2) (**Where**) do you live? — I live in Tokyo.
(3) (**How**) tall is Tom? — He is 160cm tall.
(4) (**How**) does he go to work?
  — He walks there.

CHECK 23

(1) (**Who**)(**cleans**) your room?
  — My mother (**does**).
(2) (**Who**)(**is**) at the door? — Paul (**is**).

CHECK 24

(1) Wash your hands.
(2) Be careful.

CHECK 25

(1) (**Please**)(**play**) the piano, Miki.
(2) Andy, (**please**)(**be**) careful.

CHECK 26

(1) (**Let's**)(**play**) the piano.
(2) (**Let's**)(**speak**) in English.

CHECK 27

A : What (**time**) is (**it**) now?
B : (**It's**) seven.

CHECK 28

(1) (**What**)(**day**) is (**it**) today?
  — (**It's**) Saturday.
(2) (**How**) is the weather?
  — (**It's**) fine today.
(3) (**It**)(**is**) very hot today.

CHECK 29

(1) I <u>am going</u> to school.
(2) My father <u>isn't writing</u> a letter.
(3) <u>Are</u> they <u>running</u> to the park?
  — No, they <u>aren't</u>.

CHECK 30

(1) I often (**practice**) soccer after school.
(2) He (**is washing**) the dishes now.

CHECK 31

(1) Mike (**can**)(**play**) the guitar well.
(2) You (**can**)(**watch**) TV.

CHECK 32

(1) I (**can't**)(**swim**) well.
(2) (**Can**) I (**open**) the window?
  — Of course.

CHECK 33

(1) (**There**)(**is**) a cup on the table.
(2) (**There**)(**are**) some students in the
  classroom.
(3) (**Tom**)(**is**) at the door.

CHECK 34

(1) (**There**)(**isn't**) a cup on the table.

(2) (**Are**)(**there**) any students in the classroom?
— Yes, (**there**)(**are**).

(3) (**Are**)(**there**) any balls in that box?
— No, (**there**)(**aren't**).

CHECK 35

(1) (**There**)(**are**)(**some**) cups on the table.

(2) (**There**)(**aren't**)(**any**) students in the classroom.

(3) (**Are**)(**there**)(**any**) apples in that box?

CHECK 36

(1) **visited**　(2) **studied**　(3) **lived**
(4) **tried**　　(5) **read**　　(6) **saw**
(7) **ate**　　　(8) **came**

CHECK 37

(1) I (**got**)(**up**) at seven this morning.

(2) He (**didn't**)(**have**) a dog two years ago.

(3) (**Did**) you (**talk**) with Tom last Wednesday?
— No, (**we**)(**didn't**).

CHECK 38

(1) (**Were**) you at home then?
— Yes, I (**was**).

(2) He (**was**) doing his homework at that time.

(3) I am Jane. What (**is**) your name?

CHECK 39

(1) Bill <u>is going to go</u> to the library next Friday.

(2) <u>I'm not going to study</u> English tomorrow afternoon.

(3) <u>Are</u> you <u>going to read</u> this book today?

CHECK 40

(1) Bill <u>will go</u> to the library next Friday.

(2) I <u>won't[will not] study</u> English tomorrow afternoon.

(3) <u>Will</u> you <u>read</u> this book today?

CHECK 41

(1) (**You**)(**can / may**) sit down.

(2) (**Can**)(**you**) clean this room? — OK.

(3) I (**must**)(**get**)(**up**) early tomorrow.

CHECK 42

(1) (**Will / Can**)(**you**)(**open**) the window? — All right.

(2) (**May / Can**)(**I**)(**open**) the window? — Sure.

(3) (**Shall**)(**we**)(**play**) tennis?
— Yes, let's.

CHECK 43

(1) I (**am**)(**able**)(**to**) speak English.

(2) My brother (**has**)(**to**) clean his room.

(3) Tom (**doesn't**)(**have**)(**to**) work on Saturday.

CHECK 44

(1) We (**became**)(**friends**) last year.

(2) (**Will**) he (**get**) well soon?
— Yes, he will.

(3) Your mother (**looks**) young.

CHECK 45

(1) I **sent her a letter** yesterday.

(2) **Tom gives food to his dog** every day.

CHECK 46

(1) They **named their baby Tony.**

(2) They **will make their son a doctor.**

CHECK 47

(1) 名詞
My とカタマリを作り，主語になっている。

(2) 動詞
述語(過去形)になっている。

(3) **形容詞**
後ろの名詞 watch を修飾している。

(4) **名詞**
a new watch が 1 つのカタマリになっていて，述語（…に～を買ってあげる）の，「～を」（＝目的語）になっている。

(5) **副詞**
「いつ」買ったのかを表し，述語を修飾している。

(6) **動詞**
述語（現在形）になっている。

(7) **名詞**
述語（～を好む）の，「～を」（＝目的語）になっている。

(8) **副詞**
「とても」好き，と述語を修飾している。

(9) **動詞**
述語（現在形）になっている。

(10) **形容詞**
どのように，の意味でbe動詞の補語になっている。
（14章 いろいろな文型 Point 64 参照）

CHECK 48

(1) They (**liked**)(**to**)(**swim**) in the river.
(2) (**To**)(**watch**)(**TV**) too much is bad for your eyes.

CHECK 49

(1) I **have a lot of homework to do today.**
(2) I **have nothing to tell you.**
(3) He **is looking for a book to read** next.

CHECK 50

(1) Akira studies hard **to be a teacher.**
(2) I'd like to **go to college to study math.**
(3) They **were surprised to read her letter.**

CHECK 51

(1) I finished (**writing**) a letter.
(2) Thank you for (**inviting**) me to the party.
(3) How about (**playing**) games after (**having**) lunch?

CHECK 52

(1) It was rainy (**and**) cold, (**so**) I didn't go out.
(2) Come here, (**and**) you can see Mt. Fuji.

CHECK 53

(1) I hope **it will be fine tomorrow**.
(2) **If you have a dictionary**, please lend it to me.
(3) Let's go home **after we finish this work**.

CHECK 54

(1) tall — **taller** — **the tallest**
(2) careless — **more careless** — **the most careless**
(3) happy — **happier** — **the happiest**
(4) wonderful — **more wonderful** — **the most wonderful**

CHECK 55

(1) Your computer is (**not**)(**as**)(**old**) (**as**) mine.
(2) English is (**more**)(**difficult**)(**than**) math for me.
(3) He (**had**)(**the**)(**most**) books (**of**) the four.

CHECK 56

(1) I like math the (**best**) of all the subjects.
I like math (**better**)(**than**) any other (**subject**).
(2) My camera isn't (**as**)(**good**)(**as**) yours.

CHECK 57

(1) The mountain (**isn't**)(**seen**) from here.
(2) (**Were**) these books (**carried**)(**by**) Tom?
— Yes, (**they**)(**were**).

CHECK 58

(1) I (**was**)(**shown / showed**)(**the**) (**picture**) by Tom.

(2) (**Was**) the CD (**given**) (**to**) him by you ?

(3) Love can't (**be**) (**bought**) (**for**) me.

(4) He (**wasn't**) (**left**) (**alone**) by us.

(5) What (**is**) (**the**) (**flower**) (**called**) in English ?

CHECK 59

(1) These flowers (**are**) (**made**) (**of**) paper.

(2) Paper (**is**) (**made**) (**from**) wood.

CHECK 60

(1) I (**haven't**) (**seen**) Mr. Brown for a long time.

(2) Mary (**has**) (**eaten / had**) *natto* before.

(3) (**Has**) he (**cleaned**) his room yet ?
　— Yes, (**he**) (**has**).

CHECK 61

(1) How (**long**) (**have**) you (**studied / learned**) English ?
　— (**Since**) last year.

(2) He (**has**) (**never**) (**read**) the book.

(3) He (**has**) (**already**) (**washed**) the dishes.

(4) You (**have**) (**been**) (**studying**) (**since**) 5 o'clock.

CHECK 62

(1) (**Have**) you ever (**been**) (**to**) Kyoto ?

(2) He (**has**) (**gone**) to Kyoto.

(3) When (**did**) you (**finish**) writing the letter ?

CHECK 63

(1) **Do you know** <u>who the woman is</u> **?**

(2) **I know** <u>when they came to Japan</u>.

(3) **I don't know** <u>how long you have studied English</u>.

CHECK 64

(1) (**What**) a tall boy he is !

(2) (**How**) tall he is !

(3) (**How**) well your mother cooks !
　= (**What**) a good cook your mother is !

CHECK 65

(1) (**Don't**) you like tea ? — (**No**), I don't.

(2) (**Didn't**) he (**come**) here ?
　— (**Yes**), he did.

(3) This train goes to Tokyo, (**doesn't**) (**it**) ?
　— (**Yes**), (**it**) does.

(4) Tom can't speak Japanese, (**can**) (**he**) ?
　— (**Yes**), (**he**) can.

CHECK 66

(1) I want to learn (**how**) (**to**) (**play**) the piano.

(2) He didn't know (**which**) (**dictionary**) (**to**) (**buy**).

(3) Please tell me (**where**) (**to**) (**buy**) the dictionary.

CHECK 67

(1) **Please ask her to help me.**

(2) **My mother wants me to be a teacher.**

(3) **What did you tell them to do ?**

(4) **Please help me cook dinner.**

(5) **What made you cry?**

> **ADVICE**
>
> (3)は You told them to do ～.「あなたは彼らに～をするようにいった。」という文の「～」の部分を What にして「あなたは彼らに，何をするようにいったのですか？」という疑問文を作っている。

CHECK 68

(1) (**It**) is exciting (**to**) (**watch**) soccer games.

(2) (**It**) is interesting (**for**) (**me**) (**to**) (**visit**) old temples.

(3) (Is)(it)(important) for (us)
(to) learn history?

(1) I was (too) sleepy (to) watch TV
yesterday.
　＝I was (so) sleepy (that)(I)
(couldn't) watch TV yesterday.
(2) The bag is (too) expensive (for)
(her)(to) buy.
　＝The bag is (so) expensive (that)
(she)(can't) buy it.
(3) This story is (so)(easy)(that) she
can read it.
　＝This story is (easy)(enough)
(for) her (to) read.

(1) There is a <u>broken</u> cup on the
table.
(2) Who is the girl <u>playing</u> the
guitar?
(3) He has a car <u>made</u> in America.

(1) The fish (which / that)(they)
(caught) last week was very big.
(彼らが先週捕まえた)魚はとても大きかっ
た。
(2) I have a friend (who / that)
(lives) in America.
私には，(アメリカに住んでいる)友だちが
います。
(3) Is this the train (which / that)
(leaves) for Kyoto at three?
これが（ 3時発の京都行きの ）電車ですか？
(4) The teacher (whom / that)(we)
(like) very much is Mr. Sato.
(私たちが大好きな)先生は，サトウ先生で
す。

(1) The boy (running) in the park is Bob.

(2) These are the cakes (which / that)
(were) made this morning.
(3) I like the pictures (Ken)(took) in
America.

(1) (4)

(1) If I (lived) in America, I (could)
(go) to MLB games.
(2) I (wish) I (had) more time.
(3) Let's go shopping if the weather (is)
good tomorrow.
(4) If he (were) here, what (would) he
say to us?

(1) イ. → 述語(現在形)
Who (makes) breakfast at your house
every day?
(2) エ. → ask＋人＋不定詞
Mr. Kato asked me (to wait) here.
(3) エ. → 形容詞の最上級
Mike is (the tallest) in his family.
(4) ウ. → 述語(受動態・過去形)
This book (was written) a long time
ago.
(5) イ. → 不定詞(形容詞的用法)
Bob had no time (to read) the book.

(1) イ. → 述語になる be 動詞。複数主語に合わせて。
Tom and I (are) in the same class.
(2) エ. → 後ろの名詞が複数なのに注目。
I like (these) flowers very much.
(3) ウ. → 答えかたに注目。did で答えているので過
去形。
(Did) you read the book? ― Yes, I did.
(4) ア. → 前後が主語＋述語。意味のつながりに注
意。
I will study harder (because) I want to
be a teacher.
(5) ウ. → よく使われる連語。しっかり覚えておこ
う。
They were surprised (at) the news.

(1) Is this your notebook？
（これは，あなたのノートですか？）
Is this notebook（ **yours** ）？
（このノートは，あなたのものですか？）

(2) Yesterday I had a lot of things to do.
（昨日私はすべきことがたくさんありました。）
Yesterday I was（ **busy** ）.
（昨日私は忙しかったです。）

(3) My dog isn't as big as yours.
（私の犬はあなたの犬ほど大きくありません。）
Your dog is（ **bigger** ）than mine.
（あなたの犬は私の犬より大きいです。）

(4) My sister got sick last week．She is still sick.
（私の姉(妹)は先週具合が悪くなりました。今でも具合が悪いです。）
My sister has（ **been** ）sick（ **since** ）last week.
（私の姉(妹)は先週からずっと具合が悪いです。）

(5) Let's go to the park this afternoon.
（今日の午後公園に行こう。）
（ **Shall** ）（ **we** ）go to the park this afternoon？
（ **How** ）（ **about** ）going to the park this afternoon？

CHECK 78

(1) Tom does not have to help his mother today.
(2) I don't know when he will come back.
(3) Have you ever read a book written in English？
(4) It is important for you to learn about Japan.
(5) Her songs will make the party more wonderful.
(6) It was colder today than yesterday.

MEMO

MEMO